普通高等教育新工科智能制造工程系列教材

智能制造加工技术

陈龙灿　彭　全　张钰柱　陈　才　编

张　毅　杨海滨　主审

机械工业出版社

本书根据当前的智能制造加工人才需求进行编写，主要内容涵盖金属切削机床的基本原理和智能制造加工技术。本书体现了智能制造加工技术的综合性，同时也充分考虑到知识的完整性和切削知识的自身规律，以基本的机械加工为基础介绍了基本加工原理，讲述了现代增材制造技术、加工中心、柔性制造技术、机器人加工技术等先进加工制造技术。

本书可供高校机电类各专业本科生使用，也可作为工程技术人员的参考书。

图书在版编目（CIP）数据

智能制造加工技术/陈龙灿等编．—北京：机械工业出版社，2020.12
（2023.12 重印）
普通高等教育新工科智能制造工程系列教材
ISBN 978-7-111-67257-9

Ⅰ．①智…　Ⅱ．①陈…　Ⅲ．①智能制造系统—高等学校—教材
Ⅳ．①TH166

中国版本图书馆 CIP 数据核字（2021）第 003055 号

机械工业出版社（北京市百万庄大街 22 号　邮政编码 100037）
策划编辑：路乙达　责任编辑：路乙达
责任校对：郑　婕　封面设计：张　静
责任印制：单爱军
北京虎彩文化传播有限公司印刷
2023 年 12 月第 1 版第 4 次印刷
184mm×260mm · 11.75 印张 · 285 千字
标准书号：ISBN 978-7-111-67257-9
定价：39.80 元

电话服务　　　　　　　网络服务
客服电话：010-88361066　　机　工　官　网：www.cmpbook.com
　　　　　010-88379833　　机　工　官　博：weibo.com/cmp1952
　　　　　010-68326294　　金　书　网：www.golden-book.com
封底无防伪标均为盗版　机工教育服务网：www.cmpedu.com

前　言

　　智能制造加工技术是指利用计算机模拟制造业领域专家的智能活动（分析、判断、推理、构思和决策等），与智能机器有机融合，贯穿设计、生产、管理、服务等制造活动的各个环节，实现制造过程高度集成化和高度柔性化的制造加工技术，是一种具有感知、自决策、自执行等特性的先进制造加工技术。

　　本书是根据当前的智能制造人才需求进行编写，主要内容涵盖金属切削机床的基本原理和智能制造技术。本书体现了智能制造加工技术的综合性，同时也充分考虑到知识的完整性和切削知识的自身规律，以基本的机械加工为基础介绍了基本加工原理，同时讲述了现代增材制造技术、加工中心、柔性制造技术、机器人加工技术等。本书可供高校机电类各专业本科生使用，也可作为工程技术人员的参考书。

　　本书由重庆邮电大学移通学院组织编写，全书共6章，其中第2章、第5章、第6章由陈龙灿编写，第1章第1.1~1.3节、1.5节和第3章由彭全编写，第1章1.4节及第4章由张钰柱编写，重庆华数机器人有限公司陈才提供了部分案例和资料，全书由陈龙灿统稿。

　　本书由张毅、杨海滨主审，他们对全书进行了仔细阅读，并提出了许多宝贵的修改意见，在此表示感谢。

　　本书在编写过程中得到了重庆红亿机械有限公司、重庆华数机器人有限公司、重庆邮电大学先进制造工程学院的大力支持和帮助。本书的编写得到了重庆市普通本科高校新型二级学院建设项目"智能工程学院"（渝教高〔2018〕22号）、重庆市高等教育学会高等教育科学研究课题（CQGJ19B116）、重庆市高等教育教学改革研究项目（202124）的支持，同时也得到了重庆邮电大学移通学院的大力支持，在此一并表示衷心的感谢。

　　由于编者水平有限，书中错误和不妥之处在所难免，请广大读者不吝赐教。

编者

目　录

前言

第1章　智能制造加工技术概述 ·········· 1

1.1　基本概念 ············· 1

1.2　发展历史 ············· 2

1.3　相关技术体系 ············· 3

1.4　存在的问题 ············· 3

1.5　课程特点 ············· 4

思考题与习题 ············· 5

第2章　智能制造加工基础 ············· 6

2.1　概述 ············· 6

2.2　切削机床的分类和型号 ············· 9

2.3　机床运动基础知识 ············· 12

2.4　机床传动基础知识 ············· 15

2.5　数控机床 ············· 26

思考题与习题 ············· 45

第3章　数控加工中心加工技术 ···· 47

3.1　加工中心基础 ············· 47

3.2　加工中心自动换刀装置 ············· 50

3.3　加工中心程序编写 ············· 53

3.4　加工中心仿真 ············· 71

思考题与习题 ············· 83

第4章　增材制造技术 ·········· 84

4.1　增材制造技术的产生和发展 ············· 86

4.2　3D打印技术简介 ············· 87

4.3　3D打印过程 ············· 105

思考题与习题 ············· 109

第5章　柔性制造技术 ············· 110

5.1　概述 ············· 110

5.2　柔性制造单元 ············· 117

5.3　柔性装配线 ············· 123

5.4　柔性制造技术的物流系统 ············· 134

思考题与习题 ············· 145

第6章　数控机床与自动化工厂 ···· 147

6.1　概述 ············· 147

6.2　工业机器人 ············· 148

6.3　计算机集成制造技术 ············· 159

6.4　智能制造系统 ············· 168

6.5　虚拟制造技术 ············· 171

6.6　未来工厂 ············· 176

思考题与习题 ············· 180

参考文献 ············· 181

第 1 章　智能制造加工技术概述

1.1　基本概念

　　智能是知识与智力的总和，智能制造则是源于人工智能的研究。智能制造加工技术是指采用人工智能机器系统与人类专家结合的方式进行加工制造的一系列技术。与传统的机械制造加工技术以及先进制造加工技术之间的区别是，智能制造既保留了一部分纯机械制造技术，比如切削、铣、钻等；又包含于先进制造加工技术中，并优于其他的制造技术，成为了目前最受热捧的一门技术类型之一。

　　欧美国家最先提出了"智能工厂"的概念，在依托人工智能和人类专家的基础上实现智能制造加工的目的，而智能制造具备以下五种特征：网络化、智能化、透明化、数字化、可控化。

1. 网络化

　　利用各类传感器，实时采集数据、连接各种信息，实现物与物、人与人、物与人或所有物品同网络之间连接，方便识别、采集、管理和控制。

　　在离散制造企业车间，数控机床或加工中心等是主要的生产资源。在生产过程中，将所有的设备及工位统一网络化管理，使设备和设备、电脑和设备之间都能实现联网通信，方便工作人员操作和管理。例如数控加工中心当中，编程人员可以通过在计算机上编写程序，由其读取命令，驱动机床，实现加工。

2. 智能化

　　智能化结合了网络、大数据、物联网等相关技术，在生产过程或使用智能化产品过程中，每隔几秒就会收集一次数据，利用这些数据进行多形式的分析。这对于设备的改进和生产能力的提高具有重要的作用。智能化为生产效率的提升和质量的提高所起到的作用是不可估量的。

3. 透明化

　　制造透明化，主要是指生产过程透明化。在机械、汽车、航空、船舶等离散制造业中，企业的核心目的是拓展产品的价值。比如制造执行系统（Manufacturing Execution System，MES），从产品订单下达到整个产品的生产过程进行优化管理，决策者和各级管理者都能在最短时间内掌握生产状态，从而针对每个过程做出准确的判断和应对措施，保证生产计划的顺利进行。

4. 数字化

在传统的制造业中，生产时会产生很多的纸质文件，比如工艺卡片、零件图、数控程序等，这些纸质文档大多都不易管理和查找，从而也会造成大量纸张浪费。生产文档进行数字化以后，工作人员可以在生产现场快速查询、浏览、下载所需要的生产信息，实现了数字化、绿色化和无纸化的生产方式。

5. 可控化

工业机器人、机械手臂等智能设备的广泛应用，使工厂的生产从人力化逐渐向无人化过渡。在制造生产现场，数控加工中心、智能机器人以及其他柔性化制造单元进行自动化调度，达到无人值守的自动生产模式。

1.2 发展历史

制造业的发展从远古时期到现在，经历了漫长的时代变迁。

石器时代，人类利用天然的石料或动物骨骼或树枝等自然工具用于加工物品，生产方式主要以采集和利用自然为主。

青铜和铁器时代，人们开始利用采矿、冶金、打造工具等手工作坊的方式来进行制造生产。

18 世纪 60 年代开始，从英国发起，以蒸汽机为标志，由机器代替人力，经济社会由农业、手工业转型至工业，逐渐进入机械制造的时代。

19 世纪后期，水力和蒸汽逐渐无法满足工业需求，发电机和内燃机的发明，开始了工业规模化生产的新模式，从而进入了电气化和自动化的时代。

20 世纪 70 年代至今，以 PLC、PC 应用为标志，互联网、航天技术、电子计算机等的出现，标志着人类进入信息化时代。

为了解决传统加工存在的问题，以及满足人们日益增长的需求，工业发达国家于 20 世纪 80 年代提出了智能制造加工技术的理论，之后又构建了智能制造系统，并提出了发展智能制造加工技术的一系列举措，比如国际生产工程学会的 PMI 计划、美国的 AMP 计划、欧盟的 NEXT 计划等。

在 1990 年，日本发布了"智能制造系统 IMS"国际合作研究计划，许多发达国家都参加了该计划。在 1994 年，日本又公布了先进制造国际合作研究项目，项目涵盖了全球制造、制造知识体系、快速产品实现的分布智能系统技术等。

在 2002 年，欧盟发布了 NEXT 计划，主要研究内容包括加工仿真与新技术研发、新型机床研发，比如高速机床研发、开放式数控系统以及光纤传感器应用等，同时还包括机床组件研究。

在 2003 年，国际生产工程学会通过了 PMI 计划，该计划研究内容包括加工过程中模型的建立和研究，设备的在线监控研究等。

在 2011 年，为了加强新型的智能制造工艺及先进材料、新一代机器人等先进制造业的竞争力，美国发布了"先进制造伙伴计划"（Advanced Manufacturing Partnership，AMP），鼓励政府、高校和企业以彼此合作的形式来提高美国制造业的竞争力。

在 2013 年，德国也开始进行工业 4.0 时代，通过利用信息物理融合系统将生产中的供应、制造、销售信息数据化、智能化，提高制造业的智能化水平，确保德国制造业的未来竞争力。目的是能实现万物互联的智能化。

在制造业方面，我国的制造业规模在过去几年一直处于世界领先地位，但"大而不强"。数字化、智能化制造为我国制造业实现创新驱动发展战略，迈向制造强国提供了历史性机遇和挑战。

我国的制造业经历了四个阶段，从最早的起步阶段到成长阶段，再到崛起阶段，目前正处于转型阶段。国家的发改委、财政部、工信部也出台了相关智能制造的专项，比如工信部在 2015 年 9 月就公布了 2015 年智能制造试点示范项目名单，直接切入制造活动的关键环节，涉及类别有六项，包括流程制造、离散制造、智能装备和产品、智能制造新业态新模式、智能化管理、智能服务。

国务院在 2015 年发布了中国制造 2025 计划，把中国制造提到国家战略高度，中国制造 2025 以智能制造为主攻方向，计划依托优势企业，紧扣关键工序智能化、关键岗位机器人替代、生产过程智能优化控制、供应链优化，建设重点领域智能工厂或数字化车间。

毫无疑问，智能化已经成为制造加工的发展方向。

1.3 相关技术体系

信息物理系统（Cyber-Physical Systems，CPS），是一个包含计算、网络和物理实体的复杂系统，通过人机交互和物理进程的交互，实现控制、通信、协同，以虚拟形式操控一个物体，并进一步满足生产的多样化和个性化需求。

人工智能（Artificial Intelligence，AI），是研究、开发用于模拟、延伸和扩展人的智能的理论、方法、技术及应用系统的一门科学技术。该领域包括机器人、语音识别、图像识别、自然语言处理和专家系统。

增强现实技术（Augmented Reality，AR），是一种将真实世界信息和虚拟世界信息无缝集成的新技术。AR 技术包含了多媒体、三维建模、实时视频显示及控制、多传感器融合等新技术与新手段。

大数据（Big data），是指无法在一定时间范围内用常规软件工具进行捕捉、管理和处理的数据集合，是需要新处理模式才能具有更强的决策力、洞察发现力和流程优化能力的海量、高增长率和多样化的信息资产。

混合制造，是指将增材制造技术（3D 打印技术）与减材制造技术（铣削加工）有机地结合起来，形成一种新型的制造模式。通过混合制造可以有效借助增材制造的优势实现全新几何形状的加工，同时使增材制造技术不再只限于加工小型工件，也使加工效率大幅度提升。

当然还有其他的一些关于制造的技术体系。智能制造加工技术不仅仅局限于纯粹的机械方面，在信息化时代，所有的生产都离不开数据技术的支持。

1.4 存在的问题

近年来，我国智能制造技术及其产业化发展迅速，并取得了较为显著的成效。然而，制约我国智能制造快速发展的突出矛盾和问题依然存在，主要表现在以下四个方面。

1. 智能制造基础理论和技术体系不够完整

智能制造的发展侧重技术追踪和技术引进，而基础研究能力相对不足，对引进技术的消化吸收力度不够，原始创新匮乏。控制系统、系统软件等关键技术环节薄弱，技术体系不够完整。先进技术重点前沿领域发展滞后，在先进材料、堆积制造等方面差距还在不断扩大。

2. 智能制造中长期发展战略尚待明确

金融危机以来，工业化发达国家纷纷将包括智能制造在内的先进制造业发展上升为国家战略。尽管我国也一直重视智能制造的发展，及时发布了《智能制造装备产业"十二五"发展规划》和《智能制造科技发展"十二五"专项规划》，但智能制造的总体发展战略依然尚待明确，技术路线图还不清晰，国家层面对智能制造发展的协调和管理尚待完善。

3. 高端制造装备对外依存度较高

目前我国智能装备难以满足制造业发展的需求，工业机器人、集成电路芯片制造装备、大型石化装备、汽车制造关键设备、核电等重大工程的自动化成套控制系统及先进集约化农业装备严重依赖进口。船舶电子产品本土化率还不到10%。关键技术自给率低，主要体现在缺乏先进的传感器等基础部件，精密测量技术、智能控制技术、智能化嵌入式软件等先进技术对外依赖度高。

4. 关键智能制造技术及核心基础部件主要依赖进口

构成智能制造装备或实现制造过程智能化的重要基础技术和关键零部件主要依赖进口，如新型传感器等感知和在线分析技术、典型控制系统与工业网络技术、高性能液压件与气动原件、高速精密轴承、大功率变频技术、特种执行机构等。许多重要装备和制造过程尚未掌握系统设计与核心制造技术，如精密工作母机设计制造基础技术、百万吨乙烯等大型石化的设计技术和工艺包等均未实现国产化。几乎所有高端装备的核心控制技术严重依赖进口。

我国的智能制造技术还存在着一些问题，需要去挖掘更有效的方法来解决，我们更应该着重于思路的创新性，与国际化接轨。目前，世界各国都对智能制造系统进行了各种研究，未来智能制造技术也会不断发展。例如，以3D打印为代表的"数字化"制造技术已经崭露头角，未来智能制造技术创新及应用也会贯穿制造业全过程，这对我国来说，既是一项挑战也是巨大的动力。

1.5 课程特点

1.5.1 课程学习内容

在学习本课程之前，学生应该具有数学、物理、制造、电气等方面相关知识的基础，所以本书介绍了如加工机床、机床的电气知识等内容。

因为智能制造是一个系统的概念，技术类型繁多，所以本书仅介绍了几种当前最流行、应用较广的智能加工技术，比如数控加工中心加工技术、增材制造技术、柔性制造技术、数控机床与自动化工厂。

1.5.2 学习课程的方法

本课程的一些智能加工技术主要以介绍和了解为主，同时也需掌握相关技术的具体加工方法和流程。在学习过程中，学生应结合生活中所出现的智能设备来进行深入学习。本课程需要学生通过记忆以及扩展思维的方式来进行学习，同时也需要学生在学习中坚持科学严谨的、一丝不苟的工作作风和学习态度，以及讲求实效的工程观点。

 思考题与习题

1-1　本课程主要介绍哪几种智能加工技术?

1-2　智能制造加工技术由信息技术和传统制造相结合，这些信息技术包含哪些?

1-3　你觉得未来的智能制造加工技术会沿着哪个方向发展?

第 2 章　智能制造加工基础

2.1　概述

人工智能是为了用技术系统来突破人类自然智力的局限性，达到对人脑的部分代替、延伸和加强的目的，使那些单靠人类自然智力无法进行或带有危险性的工作得以完成，从而使人类的智慧能集中到那些更富于创造性的工作中去。人是制造智能的重要来源，在制造业走向智能化过程中起着决定性作用。目前在整体智能水平上，与人工系统相比，人的智力仍然是遥遥领先的。

人工智能模拟的蓝本主要是人类的智能，但人类的智能是随时间不断变化的，而这种变化又是无止境的，只有人与机器有机高度结合，才能实现制造过程的真正智能化。智能制造被称为新世纪的制造技术，目前之所以还不能完全实现高度智能化，是由于要受到目前科学技术、人以及经济等诸多方面的制约。

智能与思维智能，就是具备在各种环境和目的的条件下正确制定决策和实现目的的能力。在这里，给定的环境和目的是问题的约束条件，制定正确的决策是智能的中心环节，而有效地实现目的则是智能的评判准则。从信息处理的角度讲，智能可以看成是获取、传递、处理、再生和利用信息的能力。而思维能力是整个智能活动中最复杂、最核心的部分，主要指处理和再生信息的能力。

信息处理的过程是十分复杂和多样化的，归纳起来，大体可分为三种基本的类型，即：经验思维、逻辑思维和创造性思维。在工艺设计过程中，这三种类型的思维都存在，在不同层次的决策中起着重要作用。

总之，智能制造加工技术是制造技术、自动化技术、系统工程与人工智能等学科互相渗透、互相交织而形成的一门综合技术。其具体表现为：智能设计、智能加工、机器人操作、智能控制、智能工艺规划、智能调度与管理、智能装配、智能测量与诊断等。

智能制造加工技术强调通过"智能设备"和"自主控制"来构造新一代的智能制造系统模式。智能制造系统具有自律能力、自组织能力、自学习与自我优化能力、自修复能力，因而适应性极强，而且由于其采用了虚拟现实（Virtual Reality，VR）技术，人机界面更加友好。

2.1.1 智能制造的物质基础及理论基础

1. 智能制造系统的物质基础

1) 数控机床和加工中心。美国于1952年研制成功第一台数控铣床，使机械制造业发生了一次技术革命。数控机床和加工中心是柔性制造的核心单元。

2) 计算机辅助设计与制造提高了产品的质量和缩短了产品生产周期，改变了传统用手工绘图、依靠图纸组织整个生产过程的技术管理模式。

3) 工业控制技术、微电子技术与机械工业的结合——机器人开创了工业生产的新局面，使生产结构发生重大变化，使制造过程更富于柔性，扩展了人类工作范围。

4) 制造系统为智能化开发了面向制造过程中特定环节、特定问题的"智能化孤岛"，如专家系统、基于知识的系统和智能辅助系统等。

5) 智能制造系统和计算机集成制造系统用计算机一体化控制生产系统，使生产从概念、设计到制造连成一体，做到直接面向市场进行生产，可以从事大小规模并举的多样化的生产。近年来，制造技术有了长足的发展和进步，但也带来了很多新问题。

数控机床、自动物料系统、计算机控制系统、机器人等在工业企业得到了广泛的应用，越来越多的公司使用了"计算机集成制造系统（Computer Integrated Manufacturing System，CIMS）""柔性制造系统（Flexible Manufacturing System，FMS）""工厂自动化（Factory Automation，FA）""多目标智能计算机辅助设计（Multi Objective Intelligent Computer Aided Design，MOICAD）""模块化制造与工厂（MXMF）""并行工程（CE）""智能控制系统（ICS）""智能制造（IM）""智能制造技术（Intelligent Manufacturing Technology，IMT）"和"智能制造系统（Intelligent Manufacturing System，IMS）"等新术语。

先进的计算机技术、控制技术和制造技术向产品、工艺和系统的设计师和管理人员提出了新的挑战，传统的设计和管理方法已经不能有效地解决现代制造系统提出的问题了。要解决这些问题，需要用现代的工具和方法，例如人工智能（AI）就为解决复杂的工业问题提出了一套最适宜的工具。

2. 智能制造技术的理论基础

智能制造加工技术是采用一种全新的制造加工概念和实现模式，其核心特征强调整个制造加工系统的整体"智能化"或"自组织能力"与个体的"自主性"。智能制造国际合作研究计划（JIRPIMS）明确提出："智能制造系统是一种在整个制造过程中贯穿智能活动，并将这种智能活动与智能机器有机融合，将整个制造过程从订货、产品设计、生产到市场销售等各个环节以柔性方式集成起来的、能发挥最大生产力的先进生产系统"。

基于这个观点，在智能制造加工的基础理论研究中，提出了智能制造加工系统及其环境的一种实现模式，这种模式给制造过程及系统的描述、建模和仿真研究赋予了全新的思想和内容，涉及制造过程和系统的计划、管理、组织及运行各个环节，体现在制造系统中制造智能知识的获取和运用，系统的智能调度等，亦即对制造系统内的物质流、信息流、功能决策能力和控制能力提出明确要求。

作为智能制造加工技术基础，各种人工智能工具及人工智能技术研究成果在制造加工业中的广泛应用，促进了智能制造加工技术的发展。而智能制造加工系统中，智能调度、智能信息处理与智能机器的有机融合而构成的复杂智能系统，主要体现在以智能加工中心为核心的智能加工系统的智能单元上。

作为智能单元的神经中枢——智能数控系统，不仅需要对系统内部中各种不确定的因素，如噪声测量、传动间隙、摩擦、外界干扰、系统内各种模型的非线性及非预见性事件实施智能控制，而且要对制造系统的各种命令请求做出智能反应。这种功能已远非传统的数控系统体系结构所能胜任，这是一个具有挑战性的新课题。对此有待研究解决的问题有很多，其中包括智能制造机理、智能制造信息、制造智能和制造中的计算几何等。

总之，制造技术发展到今天，已经由一种技术发展成为包括系统论、信息论和控制论为核心的、贯穿在整个制造过程各个环节的一门新型的工程学科，即制造科学。制造系统集成与调度的关键是信息的传递与交换。

从信息与控制的观点来看，智能制造系统是一个信息处理系统，由输入、处理、输出和反馈等部分组成。输入有物质（原料、设备、资金、人员）、能量与信息；输出有产品与服务；处理包括物料的处理与信息处理；反馈有产品品质回馈与顾客反馈。

制造过程实质上是信息资源的采集、输入、加工处理和输出的过程，而最终形成的产品可视为信息的物质表现形式。

2.1.2 智能制造系统的特征及框架结构

1. 智能制造加工技术的特征

从科学的角度来看，认为只有具备下列特征的系统才能称为智能系统：一个系统既具有（或部分具有）人类智能，又具有与人类实现其智能相似的过程与途径。

从工程的角度来看，认为一个系统只要具有（或部分具有）人类智能就称为智能系统，而不管实现其智能的过程与途径。这里所介绍的是关于智能制造加工系统的问题，也就是从工程角度来介绍智能制造加工技术。

在工程上，智能系统的特征有以下几个方面，具有下列特征之一的系统，从工程角度看，就可称为智能系统：

1）多信息感知与融合。

2）知识表达、获取、存储和处理（主要是识别、设计、计算、优化、推理与决策）。

3）具有联想记忆与智能控制功能。

4）自治性、自相似、自学习、自适应、自组织、自维护。

5）机器智能的演绎（分解）与归纳（集成）。

6）具有较强的容错能力。

2. 智能制造系统模式的框架结构

整个系统是一个多智能体分布式网络结构，分成四个部分：中心层、管理层、计划层和生产层。每个层由具有自治性的多智能体组成，这种多智能体具有相似的结构，但根据任务的不同而有不同的自学习、自适应、自组织、自维护功能。智能系统有一定的容错能力，可以在不完整的信息或偶然误差出现时正常地工作。系统与工业以太网兼容，可以进行企业动态联盟、招标、投标及电子商务，还可形成虚拟制造的支持环境。

接下来从传统的机械加工基础知识和数控加工系统为出发点，介绍基本的制造加工技术，了解和掌握切削机床的分类和型号、零件表面的成形方法、机床的运动、机床的传动系统与运动计算及机床精度等。

2.2　切削机床的分类和型号

2.2.1　机床的分类

机床主要是按加工方法和所用刀具进行分类，根据国家制定的机床型号编制方法，机床分为 11 大类：车床、铣床、钻床、镗床、磨床、齿轮加工机床、螺纹加工机床、刨插床、拉床、锯床和其他机床。在每一类机床中，又按工艺范围，布局型式和结构性能分为若干组，每一组又分为若干个系列。

1. 按照万能性程度分类

（1）通用机床　工艺范围很宽，可完成多种类型零件不同工序的加工，如卧式车床、万能外圆磨床及摇臂钻床等。

（2）专门化机床　工艺范围较窄，它是为加工某种零件或某种工序而专门设计和制造的，如铲齿车床、丝杠铣床等。

（3）专用机床　工艺范围最窄，它一般是为某特定零件的特定工序而设计制造的，如大量生产汽车零件所用的各种钻、镗组合机床。

2. 按照机床的工作精度分类

按照机床的工作精度，可分为普通精度机床、精密机床和高精度机床。

3. 按照机床的重量和尺寸分类

可分为仪表机床、中型机床（一般机床）、大型机床（质量大于 10t）、重型机床（质量在 30t 以上）和超重型机床（质量在 100t 以上）。

4. 按照机床轴的数目分类

按照机床轴的数目可分为单轴、多轴、单刀、多刀机床等。

自动机床具有完整的自动工作循环，包括能够自动装卸工件，能够连续地自动加工出工件，例如日本 4 轴复合加工机床，如图 2-1 所示。半自动机床也有完整的自动工作循环，但装卸工件还需人工完成，因此不能连续地加工。

图 2-1　日本 4 轴复合加工机床

2.2.2　机床的型号编制

机床的型号是机床产品的代号，用以表明机床的类型、通用特性和结构特性、主要技术参数等。金属切削机床型号编制方法 GB/T 15375—2008 中规定，我国的机床型号由汉语拼音字母和阿拉伯数字按一定规律组合而成。

1. 通用机床的型号编制

（1）型号的构成　通用机床的型号由基本部分和辅助部分组成，中间用"/"隔开，读作"之"。基本部分需统一管理，辅助部分纳入与否由生产厂家自定。型号中各组成部分的意义如图 2-2 所示，图 2-2 中，有"（ ）"的代号或数字，当无内容时不表示，若有内容则不带扩号；有"○"符号者，为大写的汉语拼音字母；有"△"符号者，为阿拉伯数字；

有"△"（或"◎"）符号者，为大写的汉语拼音字母或阿拉伯数字或两者兼有。

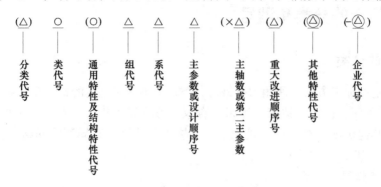

图 2-2　通用机床型号编制组成

（2）机床的类别代号　机床的特性代号也用汉语拼音表示，代表机床具有的特别性能，包括通用特性和结构特性两种，书写于类别代号之后，如表 2-1 所示。

表 2-1　机床的类别代号

类别	车床	钻床	镗床	磨　床			齿轮加工机床	螺纹加工机床	铣床	刨插床	拉床	锯床	其他机床
代号	C	Z	T	M	2M	3M	Y	S	X	B	L	G	Q
读音	车	钻	镗	磨	二磨	三磨	牙	丝	铣	刨	拉	割	其

1）通用特性代号。当某型号机床除普通形式外，还具有其他各种通用特性时，则在类别代号后加相应的特性代号，如表 2-2 所示。

表 2-2　机床的特性代号

通用特性	高精度	精密	自动	半自动	数控	加工中心	彷型	轻型	加重型	简式或经济型	柔性加工单元	数显	高速
代号	G	M	Z	B	K	H	F	Q	C	J	R	X	S
读音	高	密	自	半	控	换	彷	轻	重	简	柔	显	速

2）结构特性代号。为了区别主参数相同而结构不同的机床，在型号中用汉语拼音字母区分。例如图 2-3 和图 2-4 中，CA6140 为普通车床，CAK4085 则是数控车床，CA6140 型普通车床中的"A"，可理解为 CA6140 型普通车床在结构上区别于 C6140 型普通车床。

图 2-3　CA6140 型普通车床

图 2-4　CAK4085 型数控车床

3）机床的组别、系别代号。用两位阿拉伯数字表示，前者表示组，后者表示系。每类机床划分为 10 组，每组又划分为 10 个系。在同一类机床中，凡主要布局或使用范围基本相同的机床，即为同一组。在同一组机床中，若其主参数相同、主要结构及布局形式相同的机床，即为同一系。

4）机床的主参数、设计顺序号和第二参数。

机床主参数：代表机床规格的大小，在机床型号中，用数字给出主参数的折算数值（1/10 或 1/150）。

设计顺序号：当无法用一个主参数表示时，则在型号中用设计顺序号表示。

第二参数：一般是主轴数、最大跨距、最大工作长度、工作台工作面长度等，它也用折算值表示。

5）机床的重大改进顺序号。当机床性能和结构布局有重大改进时，在原机床型号尾部加重大改进顺序号 A、B、C 等。

6）其他特性代号：用汉语拼音字母或阿拉伯数字或二者的组合来表示，主要用以反映各类机床的特性，如对于数控机床，可反映不同的数控系统；对于一般机床可反映同一型号机床的类型等。

7）企业代号：生产单位为机床厂时，由机床厂所在城市名称的大写汉语拼音字母及该厂在该城市建立的先后顺序号，或机床厂名称的大写汉语拼音字母表示。

2. 专用机床的型号编制

1）专用机床型号表示方法：专用机床的型号一般由设计单位代号和设计顺序号组成，如图 2-5 所示。

2）设计单位代号：包括机床生产厂和机床研究单位代号（位于型号之首），见金属切削机床型号编制方法 GB/T 15375—2008，通用机床的型号编制举例如图 2-6 所示。

图 2-5 专用机床型号表示方法

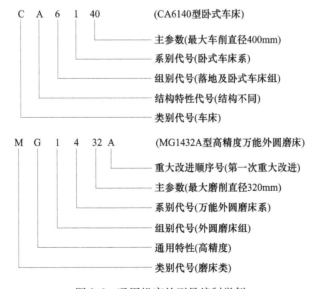

图 2-6 通用机床的型号编制举例

11

3）专用机床的设计顺序号：按该单位的设计顺序号（从"001"起始）排列，位于设计单位代号之后，并用"—"隔开，读作"至"。

例如，北京第一机床厂设计制造的第 100 种专用机床为专用铣床，其型号为 B1—100。

2.3 机床运动基础知识

2.3.1 零件表面形状与成形

1. 零件表面形状

工件在被切削加工过程中，通过机床的传动系统，使机床上的工件和刀具按一定规律做相对运动，从而切削出所需要的表面形状。零件表面是由若干个表面元素组成的，这些表面元素是：平面、直线成形表面、圆柱面、圆锥面、球面、圆环面、成形表面（螺旋面）等，如图 2-7 所示。零件表面的成形过程和常见成形方法分别如图 2-8 和图 2-9 所示。其中，图 2-8 中的 1 和 2 描述了零件表面的成形过程；图 2-9 中通过 A_1、A_2、A_{22} 直线运动和 B_1、B_{22} 旋转运动完成常见的成形方法。

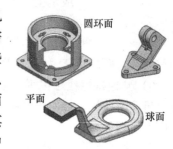

图 2-7 常用表面类型

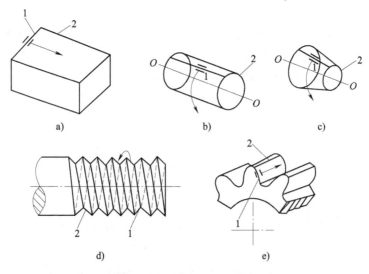

图 2-8 零件表面的成形过程

从几何观点来看，任何表面都可以看作是一条线沿另一条线运动的轨迹。如一条直线沿着另一条直线运动形成了平面；一条直线沿着一个圆的运动则形成了圆柱面，这两条线分别被称为母线与导线，统称为发生线。刀刃的形状与发生线的关系如图 2-10 所示，图中 1 和 2 描述了零件表面的成形过程。

母线和导线的运动轨迹形成了工件表面，因此分析工件加工表面的成形方法关键在于分析发生线的成形方法。

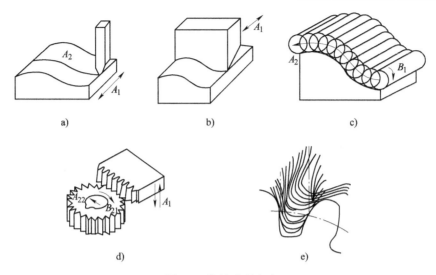

图 2-9　常见成形方法

2. 发生线的成形方法

发生线是由刀具的切削刀刃与工件间的相对运动得到的。由于使用的刀具切削刃形状和采取的加工方法不同，形成发生线的方法可归纳为四种，如图 2-11 所示，图中 1、2 和 3 描述了零件表面的成形过程。为了获得所需的工件表面形状，必须使刀具和工件按这四种方法之一来完成一定的运动，这种运动称为表面成形运动。

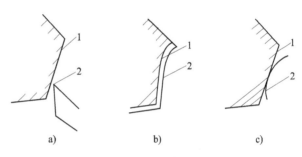

图 2-10　刀刃的形状与发生线的关系

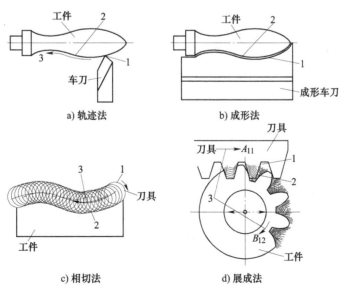

a) 轨迹法　　　b) 成形法

c) 相切法　　　d) 展成法

图 2-11　形成发生线的四种方法

（1）轨迹法　轨迹法是利用刀具做一定规律的轨迹运动来对工件进行加工的方法，如图 2-11a 所示。此时刀刃的形状为一切削点，形成发生线只需要一个独立的成形运动。刀刃为切削点，它按一定规律做直线或曲线运动，从而形成所需的发生线。因此，采用轨迹法形成发生线需要一个成形运动。

（2）成形法　成形法是利用成形刀具对工件进行加工的方法，如图 2-11b 所示。刀刃为一切削线，它的形状和长短与需要形成的发生线完全重合。因此，采用成形法形成发生线不需成形运动。

（3）相切法　相切法是利用刀具边旋转边做轨迹运动来对工件进行加工的方法，如图 2-11c 所示。刀刃为旋转刀具（铣刀或砂轮）上的切削点。刀具做旋转运动，刀具中心按一定规律做直线或曲线运动，切削点的运动轨迹与工件相切，形成了发生线。由于刀具上有多个切削点，发生线是刀具上所有的切削点在切削过程中共同形成的。用相切法得到发生线，需要两个成形运动，即刀具的旋转运动和刀具中心按一定规律的运动。

（4）展成法（范成法）　展成法是利用刀具和工件做展成切削运动的加工方法，如图 2-11d 所示。刀具切削刃为一切削线，它与需要形成的发生线的形状不吻合。切削线与发生线彼此做无滑动的纯滚动。发生线就是切削线在切削过程中连续位置的包络线。切削刃（刀具）和发生线（工件）共同完成复合的纯滚动，这种运动称为展成运动。因此，采用展成法形成发生线需要一个成形运动。

2.3.2　零件表面的成形运动

表面成形运动是形成发生线的运动。按组成情况不同，可分为：简单成形运动和复合成形运动。

1）简单成形运动：如果一个独立的成形运动，是由单独的旋转运动或直线运动构成的，则此成形运动称为简单成形运动。

2）复合成形运动：如果一个独立的成形运动，是由两个或两个以上旋转运动或直线运动，按照某种确定的运动关系组合而成，则称此成形运动为复合成形运动。

例如，用外圆车刀车削外圆柱面时，图 2-12a 所示工件的旋转运动 B_1 和刀具的直线运动 A_1 就是两个简单成形运动。

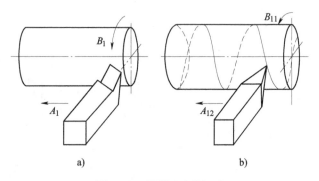

图 2-12　成形运动的组成

例如，车削螺纹时，图 2-12b 所示形成螺旋线所需的刀具和工件之间的相对运动。通常将其分解为工件的等速旋转运动 B_{11} 和刀具的等速直线移动 A_{12}。B_{11} 和 A_{12} 不能彼此独立，它们之间必须保持严格的运动关系，即工件每转一转时，刀具就均匀地移动一个螺旋线导程。复合运动标注符号的下标含义为：第一位数字表示成形运动的序号（第一个、第二个等）；第二位数字表示构成同一个复合运动的单独运动的序号。

成形运动按其在切削加工中所起的作用，又可分为主运动和进给运动两类。

1）主运动：由机床或人力提供的主要运动，它促使刀具与工件之间产生相对运动。从而使刀具的前刀面能够接近工件，切除工件上的被切削层，使之转变为切屑，从而完成切屑加工。通常主运动消耗的功率占总切削功率的大部分。例如，卧式车床主轴带动工件的旋转、钻、镗、铣、磨床主轴带动刀具或者砂轮的旋转，牛头刨床和插床的滑枕带动刨刀等都是主运动。

主运动可以是简单的成形运动，也可以是复合的成形运动。例如，图 2-13a 所示的用车刀车削外圆柱面，车床主轴带动工件的旋转 B_1 就是简单的成形运动，而图 2-13b 所示运动就是复合运动，它在切削的同时形成了所需的螺纹表面。

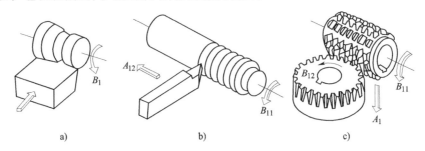

图 2-13　形成所需表面的成形运动

因此，一般地，主运动速度最高，消耗功率最大，通常只有一个主运动。例如，车削加工时，工件的回转运动是主运动。

2）进给运动：由机床或者人力提供的运动，它使刀具与工件之间产生附加的相对运动，是使主运动能够依次地、连续不断地切除切削的运动，以便于形成所要求的几何形状的加工表面。在机床上进给运动可由刀具或者工件完成，根据工件表面形状成形的需要，进给运动可以是多个，也可以是一个；可以是连续的，也可以是步进的。

2.4　机床传动基础知识

2.4.1　机床的传动联系

为了实现加工过程中所需的各种运动，机床必须具备以下三个基本部分。

1. 执行件

执行件即执行机床运动的部件，如主轴、刀架、工作台等，其任务是带动工件或刀具完成一定形式的运动（旋转或直线运动），并保持其运动的准确性。

2. 动力源

动力源指提供运动和动力的装置，是执行件的运动来源，一般为电动机。

3. 传动装置

传动装置是传递运动和动力的装置，把动力源的运动和动力传给执行件。传动装置通常还需完成变速、换向、改变运动形式等任务，使执行件获得所需要的运动速度、运动方向和运动形式。传动装置把执行件和动力源或把相关的执行件连接起来，构成传动联系。

2.4.2　机床的传动链

构成一个传动联系的一系列传动件称为传动链。传动链按功用可分为主运动传动链和进给运动传动链等，按性质可以分为外联系传动链和内联系传动链。

1. 外联系传动链

外联系传动链联系动力源和机床执行件，使执行件得到运动，并能改变运动的速度和方向，但不要求动力源和执行件之间有严格的传动比关系。例如，车削螺纹时，从电动机到车床主轴的传动链就是外联系传动链，它只决定车削螺纹的速度，不影响螺纹表面的成形。

2. 内联系传动链

内联系传动链联系复合运动之内的各个分解部分。内联系传动链所联系的执行件相互之间的相对速度有严格的传动比要求，用来保证准确的运动关系。例如，在卧式车床上用螺纹车刀车螺纹时，联系主轴—刀架之间的螺纹传动链，就是一条传动比有严格要求的内联系传动链。再如，用齿轮滚刀加工直齿圆柱齿轮时，为了得到正确的渐开线齿形，滚刀均匀地转 $1/K$ 转（K 是滚刀头数）时，工件就必须均匀地转 $1/Z$ 转（Z 为齿轮齿数）。联系滚刀旋转 B_{11} 和工件旋转 B_{12} 的传动链（见图 2-13c），必须保证两者的严格运动关系，否则就不能形成正确的渐开线齿形，所以这条传动链也是内联系传动链。由此可见，内联系传动链中，各传动副的传动比必须准确不变，不应有摩擦传动或瞬时传动比变化的传动件（如链传动）。

2.4.3 机床传动原理图

通常传动链中包括多种传动机构，如带传动机构、定比齿轮副、丝杠螺母副、蜗杆蜗轮副、滑移齿轮变速机构、离合器变速机构、交换齿轮架，以及各种电的、液压的、机械的无级变速机构等。在考虑传动路线时，可以先撇开具体机构，把上述各种机构分成两大类：一类是固定传动比的传动机构，简称"定比传动机构"；另一类是变换传动比的传动机构，简称"换置机构"。定比传动机构有定比齿轮副、丝杠螺母副、蜗轮蜗杆副等，换置机构有变速箱、交换齿轮架、数控机床中的数控系统等。为了便于研究机床的传动联系，常用一些简明的符号把传动原理和传动路线表示出来，这就是传动原理图。图 2-14 为传动原理图常用的一部分符号，其中表示执行件的符号还没有统一的规定，一般采用较直观的图形表示。

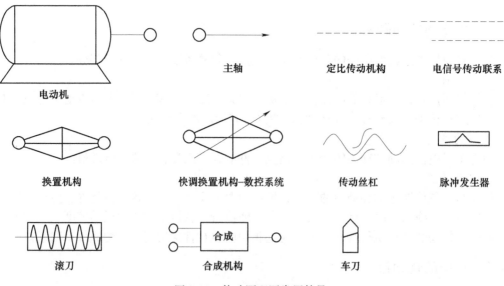

电动机　　　主轴　　　定比传动机构　　　电信号传动联系

换置机构　　　快调换置机构-数控系统　　　传动丝杠　　　脉冲发生器

滚刀　　　合成机构　　　车刀

图 2-14　传动原理图常用符号

图 2-15 所示为卧式车床的传动原理图，卧式车
床在形成螺旋表面时需要一个运动——刀具与工件
间相对的螺旋运动。这个复合运动可分解为两部分：
主轴的旋转 B_1 和车刀的纵向移动 A_{12}。联系这两部
分的传动链 "主轴—4—5—i_x—6—7—刀架" 是内
联系传动链，保证主轴每均匀转一圈，刀具均匀移
动一个导程。此外，这个复合运动还应有一个外联
系传动链与运动源相联系，以获得动力。外联系传
动链可由运动源联系复合运动中的任一环节。考虑
到大部分动力应输送给主轴，故外联系传动链联系
运动源与主轴，即传动链 "电动机—1—2—i_v—3—
4—主轴"。

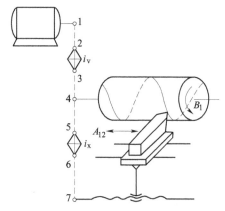

图 2-15　卧式车床的传动原理图

车床在车削圆柱面或端面时，主轴的旋转和刀具的移动（车端面时为横向移动）是两
个互相独立的简单运动，运动比例的变化不影响加工表面的性质，只影响生产率或表面粗糙
度。两个简单运动各有自己的外联系传动链与运动源相联系。一条是 "电动机—1—2—i_v—
3—4—主轴"；另一条是 "电动机—1—2—i_v—3—5—i_x—6—7—丝杠"，其中 "1—2—i_v—
3" 是公共段。这样的传动原理图的优点是既可用于车螺纹，又可用于车削圆柱面等，区别
在于车螺纹时 i_x 必须计算和调整得准确，而车削圆柱面时准确性要求不高。

2.4.4　机床传动计算

分析机床的传动系统时，应根据被加工工件的形状确定机床需要哪些运动，实现各个运
动的执行件和运动源是什么，进而分析机床需要有哪些传动链。方法是：首先找到传动链所
联系的两个端件（运动源和某一执行件，或者一个执行件和另一执行件），然后按照运动传
递顺序从一个端件向另一端件依次分析各传动轴之间的传动结构和运动传递关系，查明该传
动链的传动路线以及变速、换向、接通和断开的工作原理。

机床运动计算按每一传动链分别进行，一般步骤为：

1）确定传动链的两端件，如电动机—主轴，主轴—刀架等。

2）根据传动链两端件的运动关系，确定它们的计算位移，即在指定的同一时间间隔内
两端件的位移量。例如，车床螺纹进给传动链的计算位移为：主轴转一转，刀架移动工件螺
纹一个导程（用 L 表示，单位为 mm）。

3）根据计算位移以及相应传动链中各个顺序排列的传动副的传动比，列写运动平
衡式。

4）根据运动平衡式，计算出执行件的运动速度（转速、进给量等）或位移量，或者整
理出换置机构的换置公式，然后按加工条件确定交换齿轮变速机构所需采用的配换齿轮齿
数，或确定对其他变速机构的调整要求。

图 2-16 所示为 CA6140 型卧式车床的传动系统图，它是反映机床全部运动传递关系的示
意图。

1. 主运动传动链

（1）传动路线　主运动传动链的作用是把电动机的运动传给主轴，使主轴带动工件实

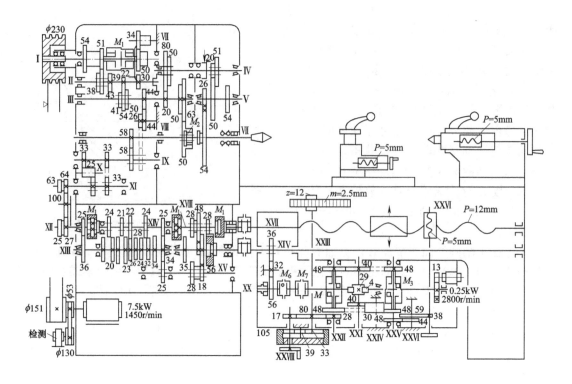

图 2-16 CA6140 型卧式车床的传动系统图

现主运动。主运动由电动机经 V 带传至主轴箱中的轴 I。在轴 I 上装有双向多片式摩擦离合器 M_1，M_1 的作用是使主轴（轴 VI）正转、反转或停止。M_1 左、右两部分，分别与空套在轴 I 上的两个齿轮连在一起。当压紧离合器 M_1 左部的摩擦片时，轴 I 的运动经 M_1 左部的摩擦片及齿轮副 $\frac{54}{38}$ 或 $\frac{51}{43}$ 传给轴 II。当压紧离合器 M_1 右部分的摩擦片时，轴 I 的运动经 M_1 右部的摩擦片及齿轮 Z_{50} 传给轴 VII 上的空套齿轮 Z_{34}，然后再传给轴 II 上的齿轮 Z_{30}，使轴 II 转动。这时，由轴 I 传到轴 II 的运动多经过了一个中间齿轮 Z_{34}，因此，轴 II 的转动方向与经离合器 M_1 左部传动时的转动方向相反。运动经离合器 M_1 的左部传动时，使主轴正转；运动经 M_1 的右部传动时，则使主轴反转。轴 II 的运动可分别通过三对齿轮副传给轴 III。运动由轴 III 到主轴有两种不同的传动路线：

1）当主轴需要高速运转时（$n_{主} = 450 \sim 1400\text{r/min}$），应将主轴上的滑移齿轮 Z_{50} 移到左端位置（与轴 III 上的齿轮 Z_{63} 啮合），轴 III 的运动经齿轮副 $\frac{63}{50}$ 直接传给主轴。

2）当主轴需要中低速运转时（$n_{主} = 10 \sim 500\text{r/min}$），应将主轴上的滑轮齿轮 Z_{50} 移到右端位置，使齿式离合器 M_2 啮合。于是，轴 III 上的运动经齿轮副 $\frac{20}{80}$ 或 $\frac{50}{50}$ 传给轴 IV，然后再由轴 IV 经齿轮副 $\frac{20}{80}$ 或 $\frac{51}{50}$、$\frac{26}{58}$ 及齿式离合器 M_2 传给主轴。

主运动传动链的运动路线表达式如下：

$$电动机 \genfrac{(}{)}{0pt}{}{n_{主}=1450r/min}{P=7.5kW} - \frac{\phi130}{\phi230} - \mathrm{I} - \begin{cases} M_1(左) \\ (正转) \end{cases} \begin{bmatrix} \frac{56}{38} \\ \frac{51}{43} \end{bmatrix} - \\ M_1(右) \\ (反转) \end{cases} - \frac{50}{34} - \mathrm{VII} - \frac{34}{30} - \end{cases} - \mathrm{II} - \begin{bmatrix} \frac{39}{41} \\ \frac{22}{58} \\ \frac{30}{50} \end{bmatrix} - \mathrm{III} -$$

$$\begin{cases} \frac{63}{50} M_2(左) - \\ \begin{bmatrix} \frac{20}{80} \\ \frac{50}{50} \end{bmatrix} - \mathrm{IV} - \begin{bmatrix} \frac{20}{80} \\ \frac{51}{50} \end{bmatrix} - \mathrm{V} - \frac{26}{58} M_2(右) - \end{cases} - \mathrm{VI}(主轴)$$

（2）主轴转速计算　主轴的转速可应用下列运动平衡式计算：

$$n_{主} = n_{电} \times \frac{d}{d'}(1-\varepsilon)i_{\mathrm{I-II}}i_{\mathrm{II-III}}i_{\mathrm{III-VI}} \tag{2-1}$$

式中　　　$n_{主}$——主轴转速（r/min）；

$\qquad n_{电}$——电动机转速（r/min）；

$\qquad d$——主动皮带轮直径（mm）；

$\qquad d'$——被动皮带轮直径（mm）；

$\qquad \varepsilon$——V 带传动的滑动系数，$\varepsilon = 0.02$；

$i_{\mathrm{I-II}}$-$i_{\mathrm{II-III}}$-$i_{\mathrm{III-VI}}$——轴 I —II 、II —III 、III —VI间的传动比。

由传动路线表达式可知，主轴正转转速级数为 $2\times3\times(1+2\times2)=30$ 级，但在轴III、轴V之间四种传动比分别为：

$$i_1 = \frac{50}{50} \times \frac{20}{80} = \frac{1}{4} \qquad i_2 = \frac{20}{80} \times \frac{20}{80} = \frac{1}{16} \qquad i_3 = \frac{50}{50} \times \frac{50}{51} \approx 1 \qquad i_4 = \frac{20}{80} \times \frac{51}{50} \approx \frac{1}{4}$$

$i_1 \approx i_4$，故实际的级数为 $2\times3\times(1+3)=24$ 级；同理，主轴反转转速级数为 12 级。

由于反转时 I —II 之间的传动比 $\left(i = \frac{50}{34} \times \frac{34}{30} = \frac{5}{3}\right)$ 大于正转时的传动比 $\left(i = \frac{51}{43} 或 i = \frac{56}{38}\right)$，故反转转速高于正转转速。主轴反转通常不用于车削，主要用于车螺纹时退回刀架等。图 2-17 所示为 CA6140 型卧式车床主运动转速图。

2. 进给运动传动链

（1）螺纹进给传动链　车削螺纹时，主轴回转与刀具纵向进给必须保证严格的运动关系：主轴每转一转，刀具移动一个螺纹导程。其运动平衡式为：

$$L_{工} = 1 \times i_{主轴—丝杠} \times L_{丝} \tag{2-2}$$

式中　　$L_{工}$——螺纹导程（mm）；

$\qquad 1$——指主轴每转一转；

$i_{主轴—丝杠}$——主轴—丝杠之间的总传动比；

$\qquad L_{丝}$——机床丝杠导程（mm）。

要车削不同标准和不同导程的螺纹，只需改变传动比，即改变传动路线或更换齿轮。

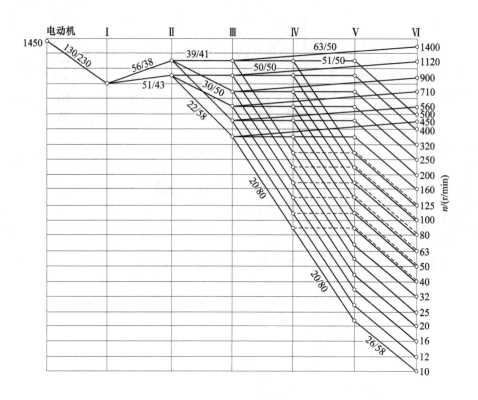

图 2-17　CA6140 型卧式车床主运动转速图

CA6140 型卧式车床可车削米制、英制、模数、径节四种螺纹，也可车大导程、非标准及较精密螺纹，或上述各种左、右螺纹。

加工螺纹时，主轴Ⅵ的运动经 $\frac{58}{58}$ 传至轴Ⅸ，再经 $\frac{33}{33}$（右螺纹）或 $\frac{33}{25} \times \frac{25}{33}$（左螺纹）传至轴 XI 及交换齿轮。交换齿轮架的三组交换齿轮分别为：$\frac{63}{100} \times \frac{100}{75}$（车米制、英制螺纹）、$\frac{64}{100} \times \frac{100}{97}$（车模数、径节螺纹）、$\frac{a}{b} \times \frac{c}{d}$（车非标准和较精密螺纹）。车米制和模数制螺纹时 M_3、M_4 分离，M_5 接合；车英制螺纹和径节螺纹时 M_3、M_5 接合，M_4 分离；M_3、M_4、M_5 同时接合，便可车非标准和较精密螺纹，根据螺纹导程大小配换交换齿轮；车大导程螺纹，只需将轴Ⅸ右端的滑移齿轮 Z_{58} 向右移动，使之与轴Ⅷ上的 Z_{26} 齿轮啮合。

（2）不同螺纹的传动路线及运动平衡式

1）车米制螺纹。传动路线表达式为：

$$主轴\ Ⅵ - \frac{58}{58} - Ⅸ - \begin{cases} \frac{33}{33}（右）- \\ \frac{33}{25} \times \frac{25}{33}（左）- \end{cases} - XI - \frac{63}{100} \times \frac{100}{75} - Ⅻ - \frac{25}{36} - ⅩⅢ - i_{ⅩⅢ-ⅩⅣ} -$$

$$XIV - \frac{25}{36} \times \frac{36}{25} - XV - \begin{Bmatrix} \frac{28}{35} \\ \frac{18}{45} \end{Bmatrix} - XVI - \begin{Bmatrix} \frac{35}{28} \\ \frac{15}{48} \end{Bmatrix} - XVII - M_5 - XVIII（丝杠）- 刀架$$

$i_{XIII-XIV}$ 的传动比共有八种，这八种传动比近似为等差级数，是获得各种螺纹导程的基本机构，又称基本组 $i_基$。$i_{基1} = \frac{26}{28} = \frac{6.5}{7}$，$i_{基2} = \frac{28}{28} = \frac{7}{7}$，$i_{基3} = \frac{32}{28} = \frac{8}{7.7}$，$i_{基4} = \frac{36}{28} = \frac{9}{7}$，$i_{基5} = \frac{19}{14} = \frac{9.5}{7}$，$i_{基6} = \frac{20}{14} = \frac{10}{7}$，$i_{基7} = \frac{33}{21} = \frac{11}{7}$，$i_{基8} = \frac{36}{21} = \frac{12}{7}$。$i_{XV-XVII}$ 的传动比共有四种，这四种传动比按倍数关系排列，可将由基本组获得的导程值成倍扩大或缩小，又称增倍组 $i_倍$。$i_{倍1} = \frac{28}{35} \times \frac{35}{28} = 1$，$i_{倍2} = \frac{18}{45} \times \frac{35}{28} = \frac{1}{2}$，$i_{倍3} = \frac{28}{35} \times \frac{15}{48} = \frac{1}{4}$，$i_{倍4} = \frac{18}{45} \times \frac{15}{48} = \frac{1}{8}$。

车削米制螺纹（右旋）的运动平衡式为：

$$L_工 = 1 \times \frac{58}{58} \times \frac{33}{33} \times \frac{63}{100} \times \frac{100}{75} \times \frac{25}{36} \times i_基 \times \frac{25}{36} \times \frac{36}{25} \times i_倍 \times 12 \tag{2-3}$$

式中　$L_工$——螺纹导程（单头螺纹为 $P_工$，mm）；

　　　$i_基$——轴 XIII—XIV 间基本组的传动比；

　　　$i_倍$——轴 XV—XVII 间增倍组的传动比。

将式（2-3）化简后得：

$$L_工 = 7 i_基 i_倍 \tag{2-4}$$

普通螺纹的螺距数列是分段的等差数列，每段又是公比为 2 的等比数列，将基本组与增倍组串联使用，就可车出不同导程（或螺距）的螺纹，如表 2-3 所示。

表 2-3　CA6140 型车床米制螺纹表

$i_倍$	$i_基$							
	$\frac{26}{28}$	$\frac{28}{28}$	$\frac{32}{28}$	$\frac{36}{28}$	$\frac{19}{14}$	$\frac{20}{14}$	$\frac{33}{21}$	$\frac{36}{21}$
	L/mm							
$\frac{18}{45} \times \frac{15}{48} = \frac{1}{8}$	—	—	1	—	—	1.25	—	1.5
$\frac{28}{35} \times \frac{15}{48} = \frac{1}{4}$	—	1.75	2	2.25	—	2.5	—	3
$\frac{18}{45} \times \frac{35}{28} = \frac{1}{2}$	—	3.5	4	4.5	—	5	5.5	6
$\frac{28}{35} \times \frac{35}{28} = 1$	—	7	8	9	—	10	11	12

2）车英制螺纹。传动路线表达式为：

$$主轴 - \frac{58}{58} - IX - \begin{Bmatrix} \frac{33}{33}（右）\\ \frac{33}{25} \times \frac{25}{33}（左）\end{Bmatrix} - XI - \frac{63}{100} \times \frac{100}{75} - XII - M_3 - XIV - \frac{1}{i_基} - XIII - \frac{36}{25} -$$

$$XV - i_倍 - XVII - M_5 - XVIII（丝杠）- 刀架$$

英制螺纹的螺距参数以每英寸长度上的螺纹牙数 a（牙/in）表示。为使计算方便，将英制导程换算为米制导程。车削英制螺纹的运动平衡式为：

$$L_{\text{工}} = \frac{25.4k}{a} = 1 \times \frac{58}{58} \times \frac{33}{33} \times \frac{63}{100} \times \frac{100}{75} \times \frac{1}{i_{\text{基}}} \times \frac{36}{25} \times i_{\text{倍}} \times 12 \tag{2-5}$$

式中 k——螺纹线数。

由于 $\frac{63}{100} \times \frac{100}{75} \times \frac{36}{25} \approx \frac{25.4}{21}$，代入式（2-5）化简可得：

$$L_{\text{工}} = \frac{25.4k}{a} = \frac{25.4}{21} \times \frac{i_{\text{倍}}}{i_{\text{基}}} \times 12 = \frac{4 \times 25.4}{7} \times \frac{i_{\text{倍}}}{i_{\text{基}}}$$

$$a = \frac{7k}{4} \frac{i_{\text{倍}}}{i_{\text{基}}} \tag{2-6}$$

当 $k=1$ 时，a 值与 $i_{\text{基}}$、$i_{\text{倍}}$ 的关系见表 2-4。

表 2-4 CA6140 型车床英制螺纹表

$i_{\text{倍}}$	$i_{\text{基}}$							
	$\frac{26}{28}$	$\frac{28}{28}$	$\frac{32}{28}$	$\frac{36}{28}$	$\frac{19}{14}$	$\frac{20}{14}$	$\frac{33}{21}$	$\frac{36}{21}$
	a/（牙/in）							
$\frac{18}{45} \times \frac{15}{48} = \frac{1}{8}$	—	14	16	18	19	20	—	24
$\frac{28}{35} \times \frac{15}{48} = \frac{1}{4}$	—	7	8	9	—	10	11	12
$\frac{18}{45} \times \frac{35}{28} = \frac{1}{2}$	$3\frac{1}{4}$	$3\frac{1}{2}$	4	$4\frac{1}{2}$		5	—	6
$\frac{28}{35} \times \frac{35}{28} = 1$	—	—	2	—	—	—	—	3

注：1in = 25.4mm。

3）车模数螺纹。传动路线表达式为：

$$\text{主轴 VI} - \frac{58}{58} - \text{IX} - \begin{cases} \frac{33}{33}（右） \\ \frac{33}{25} \times \frac{25}{33}（左） \end{cases} - \text{XI} - \frac{64}{100} \times \frac{100}{97} - \text{XII} - \frac{25}{36} - \text{XIII} - i_{\text{XIII-XIV}} - \text{XIV} -$$

$$\frac{25}{36} \times \frac{36}{25} - \text{XV} - \begin{cases} \frac{28}{35} \\ \frac{18}{45} \end{cases} - \text{XVI} - \begin{cases} \frac{35}{28} \\ \frac{15}{48} \end{cases} - \text{XVII} - M_5 - \text{XVIII}（丝杠）- 刀架$$

模数螺纹主要用于米制蜗杆，其螺距参数用模数 m 表示，车削模数螺纹的运动平衡式为：

$$L_{\text{工}} = kP = k\pi m = 1 \times \frac{58}{58} \times \frac{33}{33} \times \frac{64}{100} \times \frac{100}{97} \times \frac{25}{36} \times i_{\text{基}} \times \frac{25}{36} \times \frac{36}{25} \times i_{\text{倍}} \times 12$$

式中 k——螺纹线数；

P——螺纹螺距（mm）。

由于 $\dfrac{64}{100} \times \dfrac{100}{97} \times \dfrac{25}{36} \approx \dfrac{7}{48}\pi$，代入上式有：

$$L_{\text{工}} = k\pi m = \frac{7}{48}\pi \times i_{\text{基}}\, i_{\text{倍}} \times 12 = \frac{7\pi}{4} i_{\text{基}}\, i_{\text{倍}}$$

所以
$$m = \frac{7}{4k} i_{\text{基}}\, i_{\text{倍}} \qquad (2\text{-}7)$$

当 $k=1$ 时，模数 m 与 $i_{\text{基}}$、$i_{\text{倍}}$ 的关系见表 2-5。

表 2-5　CA6140 型车床模数螺纹表

$i_{\text{倍}}$	$i_{\text{基}}$							
	$\dfrac{26}{28}$	$\dfrac{28}{28}$	$\dfrac{32}{28}$	$\dfrac{36}{28}$	$\dfrac{19}{14}$	$\dfrac{20}{14}$	$\dfrac{33}{21}$	$\dfrac{36}{21}$
	m/mm							
$\dfrac{18}{45} \times \dfrac{15}{48} = \dfrac{1}{8}$	—	—	0.25	—	—	—	—	—
$\dfrac{28}{35} \times \dfrac{15}{48} = \dfrac{1}{4}$	—	—	0.5	—	—	—	—	—
$\dfrac{18}{45} \times \dfrac{35}{28} = \dfrac{1}{2}$	—	—	1	—	—	1.25	—	1.5
$\dfrac{28}{35} \times \dfrac{35}{28} = 1$	—	1.75	2	2.25	—	2.5	2.75	3

4）车径节螺纹。传动路线表达式为：

$$\text{主轴 VI} - \frac{58}{58} - \text{IX} - \left\{ \begin{array}{l} \dfrac{33}{33}（右） \\[2mm] \dfrac{33}{25} \times \dfrac{25}{33}（左） \end{array} \right\} - \text{XI} - \frac{64}{100} \times \frac{100}{97} - \text{XII} - M_3 - \text{XIV} - \frac{1}{i_{\text{基}}} - \text{XIII} -$$

$$\frac{36}{25} - \text{XV} - i_{\text{倍}} - \text{XVII} - M_5 - \text{XVIII}（丝杠）- 刀架$$

径节螺纹用在英制蜗杆中，其螺距参数用径节 DP（牙/in）来表示，径节表示齿轮或蜗杆 1in 分度圆直径上的齿数，所以英制蜗杆的轴向齿距（径节螺纹的螺距）P_{DP} 为：

$$P_{\text{DP}} = \frac{\pi}{DP}\text{in} = \frac{25.4}{DP}\pi\ \text{mm}$$

则螺纹的导程为：

$$L_{\text{工}} = \frac{25.4\pi k}{DP} = 1 \times \frac{58}{58} \times \frac{33}{33} \times \frac{64}{100} \times \frac{100}{97} \times \frac{1}{i_{\text{基}}} \times \frac{36}{25} \times i_{\text{倍}} \times 12$$

由于 $\dfrac{64}{100} \times \dfrac{100}{97} \times \dfrac{36}{25} \approx \dfrac{25.4\pi}{84}$，代入上式有：

$$L_{\text{工}} = \frac{25.4 k\pi}{DP} = \frac{25.4\pi}{84} \times \frac{i_{\text{倍}}}{i_{\text{基}}} \times 12 = \frac{25.4\pi i_{\text{倍}}}{7 i_{\text{基}}}$$

所以
$$DP = 7k\frac{i_基}{i_倍}$$
(2-8)

当 $k=1$ 时，DP 值与 $i_基$、$i_倍$ 的关系见表 2-6。

表 2-6 CA6140 型车床径节螺纹表

$i_倍$	$i_基$							
	$\frac{26}{28}$	$\frac{28}{28}$	$\frac{32}{28}$	$\frac{36}{28}$	$\frac{19}{14}$	$\frac{20}{14}$	$\frac{33}{21}$	$\frac{36}{21}$
	$DP/$（牙/in）							
$\frac{18}{45} \times \frac{15}{48} = \frac{1}{8}$	—	56	64	72	—	80	88	96
$\frac{28}{35} \times \frac{15}{48} = \frac{1}{4}$	—	28	32	36	—	40	44	48
$\frac{18}{45} \times \frac{35}{28} = \frac{1}{2}$	—	14	16	18	—	20	22	24
$\frac{28}{35} \times \frac{35}{28} = 1$	—	7	8	9	—	10	11	12

由上述可见，CA6140 型卧式车床通过两组不同传动比的交换齿轮、基本组、增倍组以及轴XII、轴XV上两个滑移齿轮 Z_{25} 的移动（通常称这两个滑移齿轮及有关的离合器为移换机构）加工出四种不同的标准螺纹。表 2-7 列出了加工四种螺纹时，进给传动链中各机构的工作状态。

表 2-7 CA61400 型车床车制各种螺纹的工作调整

螺纹种类	螺距	交换齿轮机构	离合器状态	移换机构	基本组传动方向
米制螺纹	P	$\frac{63}{100} \times \frac{100}{75}$	M_5 结合，M_3、M_4 脱开	轴XIIZ_{25}，轴XV Z_{25}	轴 XIII—轴 XIV
模数螺纹	$P_m = \pi m$	$\frac{64}{100} \times \frac{100}{97}$			
英制螺纹	$P_a = \frac{25.4}{a}$	$\frac{63}{100} \times \frac{100}{75}$	M_3、M_5 结合，M_4 脱开	轴XIIZ_{25}，轴XV Z_{25}	轴 XIV—轴 XIII
径节螺纹	$P_{DP} = \frac{25.4\pi}{DP}$	$\frac{64}{100} \times \frac{100}{97}$			

5）车削非标准螺距螺纹和较精密螺纹。在加工非标准螺纹和精密螺纹时，M_3、M_4、M_5 全部啮合，运动由主轴经交换齿轮通过XII轴、XIV 轴、XVII轴直接传给丝杠。被加工螺纹的导程通过调整交换齿轮的传动比来实现。这时，传动路线缩短，传动误差减小，螺纹精度可以得到较大提高。

例 2-1 如图 2-18 所示为卧式车床传动系统图。该机床可实现主运动、纵向进给运动、横向进给运动和车螺纹时的纵向进给运动四个运动，试写出主运动的传动路线表达式、列出平衡方程和计算转速的极大和极小值。

卧式车床的主运动是主轴带动工件的旋转运动，其传动链的两端件是主电动机和主轴。

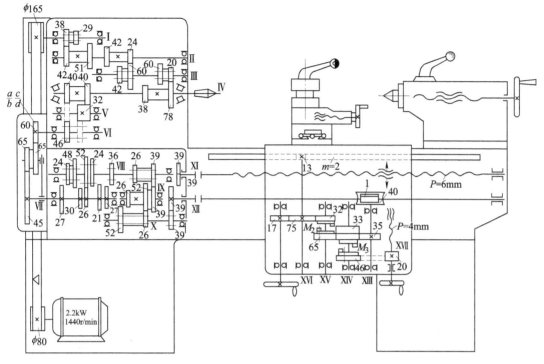

图 2-18　卧式车床传动系统图

由 2.2kW、1440r/min 的电动机驱动，经带传动 $\dfrac{80}{165}$ 将运动传至轴 Ⅰ，然后经 Ⅰ—Ⅱ 轴间、

Ⅱ—Ⅲ 轴间和 Ⅲ—Ⅳ 轴间的三组双联滑移齿轮变速组，使主轴获得 2×2×2＝8 级转速。

主运动的传动路线表达式为：

1）写出传动链的两个端件：电动机—主轴。

2）写出传动关系：$n_电—n_主$。

3）写出传动路线：电动机—Ⅰ—Ⅱ—Ⅲ—Ⅳ。

4）写出传动路线表达式：

$$
\text{电动机}—\frac{\phi 80}{\phi 165}\ \text{Ⅰ}—\begin{bmatrix}\dfrac{29}{51}\\[2mm]\dfrac{38}{42}\end{bmatrix}—\text{Ⅱ}—\begin{bmatrix}\dfrac{24}{60}\\[2mm]\dfrac{42}{42}\end{bmatrix}—\text{Ⅲ}—\begin{bmatrix}\dfrac{20}{78}\\[2mm]\dfrac{60}{38}\end{bmatrix}—\text{Ⅳ（主轴）}
$$

5）列出平衡方程：

$$
n_主 = n_电 \times (80/165) i_{\text{Ⅰ}—\text{Ⅱ}} \times i_{\text{Ⅱ}—\text{Ⅲ}} \times i_{\text{Ⅲ}—\text{Ⅳ}} \tag{2-9}
$$

6）计算极值：

$$
n_{\min} = 1440 \times \frac{80}{165} \times \frac{29}{51} \times \frac{24}{60} \times \frac{20}{78} \text{r/min} \approx 40 \text{r/min}
$$

$$
n_{\max} = 1440 \times \frac{80}{165} \times \frac{38}{42} \times \frac{42}{42} \times \frac{60}{38} \text{r/min} \approx 998 \text{r/min}
$$

2.5 数控机床

2.5.1 数控机床基础知识

数字控制机床（Numerical Control Machine Tools）简称数控机床，是一种将数字计算技术应用于机床的控制技术。它把机械加工过程中的各种控制信息用代码化的数字表示，通过信息载体输入数控装置，经运算处理由数控装置发出各种控制信号，控制机床的动作，按图纸要求的形状和尺寸，自动地将零件加工出来。数控机床较好地解决了复杂、精密、小批量、多品种的零件加工问题，是一种柔性的、高效能的自动化机床，代表了现代机床控制技术的发展方向，是一种典型的机电一体化产品。

1. 数控机床的加工原理

数控机床加工工件的过程如图 2-19 所示。

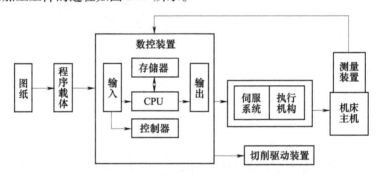

图 2-19 数控机床加工工件的过程

1）在数控机床上加工工件时，首先要根据加工零件的图样与工艺方案，用规定的格式编写程序单，并且记录在程序载体上。

2）把程序载体上的程序通过输入装置输入到数控装置中去。

3）数控装置将输入的程序经过运算处理后，向机床各个坐标的伺服系统发出信号。

4）伺服系统根据数控装置发出的信号，通过伺服执行机构（如步进电动机、直流伺服电动机、交流伺服电动机），经传动装置（如滚珠丝杠螺母副等），驱动机床各运动部件，使机床按规定的动作顺序、速度和位移量进行工作，从而制造出符合图样要求的零件。

由上述数控机床的工作过程可知，数控机床的基本组成包括加工程序载体、数控装置、伺服驱动装置、机床主体和其他辅助装置。下面分别对各组成部分的基本工作原理进行概要说明。

（1）加工程序载体 数控机床工作时，不需要工人直接去操作机床，要对数控机床进行控制，必须编制加工程序。零件加工程序中，包括机床上刀具和工件的相对运动轨迹、工艺参数（进给量、主轴转速等）和辅助运动等。将零件加工程序用一定的格式和代码，存储在一种程序载体上，如穿孔纸带、盒式磁带、软磁盘等，通过数控机床的输入装置，将程序信息输入到计算机数控单元（Computer Numerical Control，CNC）。

（2）数控装置 数控装置是数控机床的核心。现代数控装置均采用 CNC 形式，这种

CNC 装置一般使用多个微处理器，以程序化的软件形式实现数控功能，因此又称软件数控（Software NC）。CNC 系统是一种位置控制系统，它是根据输入数据插补出理想的运动轨迹，然后输出到执行部件加工出所需要的零件。因此，数控装置主要由输入、处理和输出三个基本部分构成，如图 2-20 所示。而所有这些工作都由计算机的系统程序进行合理的组织，使整个系统协调地进行工作。

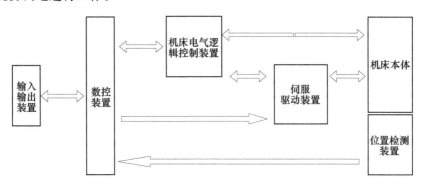

图 2-20　数控机床的基本组成

1）输入装置：将数控指令输入给数控装置，根据程序载体的不同，相应有不同的输入装置。目前主要有键盘输入、磁盘输入、CAD/CAM 系统直接通信方式输入和连接上级计算机的直接数控（DNC）输入，现仍有极少数系统还保留有光电阅读机的纸带输入形式。

①纸带输入方式：可用纸带光电阅读机读入零件程序，直接控制机床运动，也可以将纸带内容读入存储器，用存储器中储存的零件程序控制机床运动。

②MDI 手动数据输入方式：操作者可利用操作面板上的键盘输入加工程序的指令，它适用于比较短的程序。

在控制装置编辑状态（EDIT）下，用软件输入加工程序，并存入控制装置的存储器中，这种输入方法可重复使用程序。一般手工编程均采用这种方法。

在具有会话编程功能的数控装置上，可按照显示器上提示的问题，选择不同的菜单，用人机对话的方法，输入有关的尺寸数字，就可自动生成加工程序。

③采用 DNC 直接数控输入方式：把零件程序保存在上级计算机中，CNC 系统一边加工一边接收来自计算机的后续程序段。DNC 方式多用于采用 CAD/CAM 软件设计的复杂工件并直接生成零件程序的情况。

2）信息处理：输入装置将加工信息传给 CNC 单元，编译成计算机能识别的信息，由信息处理部分按照控制程序的规定，逐步存储并进行处理后，通过输出单元发出位置和速度指令给伺服系统和主运动控制部分。CNC 系统的输入数据包括：零件的轮廓信息（起点、终点、直线、圆弧等）、加工速度及其他辅助加工信息（如换刀、变速、冷却液开关等），数据处理的目的是完成插补运算前的准备工作。数据处理程序还包括刀具半径补偿、速度计算及辅助功能的处理等。

3）输出装置：输出装置与伺服机构相连。输出装置根据控制器的命令接受运算器的输出脉冲，并把它送到各坐标的伺服控制系统，经过功率放大，驱动伺服系统，从而控制机床按规定的要求运动。

（3）伺服系统和测量反馈系统　伺服系统是数控机床的重要组成部分，用于实现数控机床的进给伺服控制和主轴伺服控制。伺服系统的作用是把来自数控装置的指令信息，经功率放大、整形处理后，转换成机床执行部件的直线位移或角位移运动。由于伺服系统是数控机床的最后环节，其性能将直接影响数控机床的精度和速度等技术指标，因此，对数控机床的伺服驱动装置，要求具有良好的快速反应性能，准确而灵敏地跟踪数控装置发出的数字指令信号，并能忠实地执行来自数控装置的指令，提高系统的动态跟随特性和静态跟踪精度。

伺服系统包括驱动装置和执行机构两大部分。驱动装置由主轴驱动单元、进给驱动单元和主轴伺服电动机、进给伺服电动机组成。步进电动机、直流伺服电动机和交流伺服电动机是常用的驱动装置。

测量元件将数控机床各坐标轴的实际位移值检测出来并经反馈系统输入到机床的数控装置中，数控装置对反馈回来的实际位移值与指令值进行比较，并向伺服系统输出达到设定值所需的位移量指令。

（4）机床主体　机床主机是数控机床的主体。它包括床身、底座、立柱、横梁、滑座、工作台、主轴箱、进给机构、刀架及自动换刀装置等机械部件，如图 2-21 所示。它是在数控机床上自动地完成各种切削加工的机械部分。与传统的机床相比，数控机床主体具有如下结构特点：

1）采用具有高刚度、高抗震性及较小热变形的机床新结构。通常用提高结构系统的静刚度、增加阻尼、调整结构件质量和固有频率等方法来提高机床主机的刚度和抗震性，使机床主体能适应数控机床连续自动地进行切削加工的需要。采取改善机床结构布局、减少发热、控制温升及采用热位移补偿等措施，可减少热变形对机床主机的影响。

2）广泛采用高性能的主轴伺服驱动和进给伺服驱动装置，使数控机床的传动链缩短，简化了机床机械传动系统的结构。

3）采用高传动效率、高精度、无间隙的传动装置和运动部件，如滚珠丝杠螺母副、塑料滑动导轨、直线滚动导轨、静压导轨等，如图 2-22 所示。

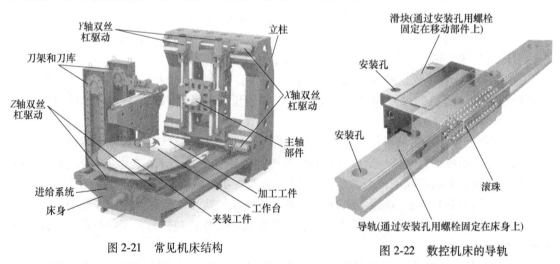

图 2-21　常见机床结构　　　　图 2-22　数控机床的导轨

（5）数控机床的辅助装置　辅助装置是保证充分发挥数控机床功能所必需的配套装置，常用的辅助装置包括：气动，液压装置，排屑装置，冷却、润滑装置，回转工作台和数控分度头，防护装置，照明装置等。

2. 数控机床的适用范围

数控机床是一种可编程的通用加工设备，但是因设备投资费用较高，还不能用数控机床完全替代其他类型的设备，因此，数控机床有其一定的适用范围。图 2-23 可粗略地表示数控机床的适用范围。从图 2-23a 可看出，通用机床多适用于零件结构不太复杂、生产批量较小或者在智能产线中进行大批量重复加工生产的场合；专用机床适用于生产批量很大的零件；数控机床对于形状复杂的零件尽管批量小也同样适用。随着数控机床的普及，数控机床的适用范围也越来越广，对一些形状不太复杂而重复工作量很大的零件，如印制电路板的钻孔加工等，由于数控机床生产率高，也已大量使用。因而，数控机床的适用范围已扩展到图 2-23b 中所示的范围。

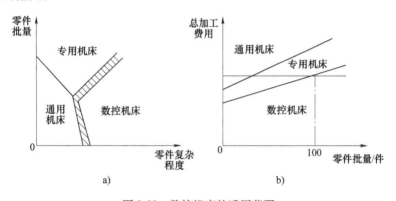

图 2-23　数控机床的适用范围

2.5.2　数控机床的特点和分类

1. 数控机床的特点

与通用机床和专用机床相比，数控机床具有以下主要特点：

1) 加工精度高，质量稳定。数控系统每输出一个脉冲，机床移动部件的位移量称为脉冲当量，数控机床的脉冲当量一般为 0.001mm，高精度的数控机床可达 0.0001mm，其运动分辨率远高于普通机床。另外，数控机床具有位置检测装置，可将移动部件实际位移量或丝杠、伺服电动机的转角反馈到数控系统，并进行补偿。因此，可获得比机床本身精度还高的加工精度。数控机床加工零件的质量由机床保证，无人为操作误差的影响，所以同一批零件的尺寸一致性好，质量稳定。

2) 能完成普通机床难以完成或根本不能加工的复杂零件加工。例如，采用二轴联动或二轴以上联动的数控机床，可加工母线为曲线的旋转体曲面零件、凸轮零件和各种复杂空间曲面类零件。

3) 生产效率高。数控机床的主轴转速和进给量范围比普通机床的范围大，良好的结构刚性允许数控机床采用大的切削用量，从而有效地节省了加工时间。对某些复杂零件的加工，如果采用带有自动换刀装置的数控加工中心，可实现在一次装夹下进行多工序的连续加工，减少了半成品的周转时间，生产率的提高更为明显。

4) 对产品改型设计的适应性强。当被加工零件改型设计后，在数控机床上只需变换零件的加工程序，调整刀具参数等，就能实现对改型设计后零件的加工，生产准备周期大大缩短。因此，数控机床可以很快地从加工一种零件转换为加工另一种改型设计后的零件，这就为单件、小批量新试制产品的加工，为产品结构的频繁更新提供了极大的方便。

5）有利于制造技术向综合自动化方向发展。数控机床是机械加工自动化的基本设备，以数控机床为基础建立起来的 FMC、FMS、CIMS 等综合自动化系统使机械制造的集成化、智能化和自动化得以实现。这是由于数控机床控制系统采用数字信息与标准化代码输入，并具有通信接口，容易实现数控机床之间的数据通信，最适宜计算机之间的连接，组成工业控制网络，实现自动化生产过程的计算、管理和控制。

6）监控功能强，具有故障诊断的能力。CNC 系统不仅控制机床的运动，而且可对机床进行全面监控。例如，可对一些引起故障的因素提前报警，进行故障诊断等，极大地提高了检修的效率。

7）减轻工人劳动强度、改善劳动条件。

2. 数控机床的分类

数控机床的种类繁多，根据数控机床的功能和组成的不同，可以从多种角度对数控机床进行分类。

（1）按运动轨迹分类

1）点位控制系统。它的特点是刀具相对工件的移动过程中不进行切削加工，对定位过程中的运动轨迹没有严格要求，只要求从一坐标点到另一坐标点的精确定位。如数控坐标镗床、数控钻床、数控冲床、数控点焊机和数控测量机等都采用此类系统，如图 2-24a 所示。

a)点位控制系统　　b)直线控制系统　　c)轮廓控制系统

图 2-24　数控系统控制方式

2）直线控制系统。这类控制系统的特点是除了控制起点与终点之间的准确位置外，而且要求刀具由一点到另一点之间的运动轨迹为一条直线，并能控制位移的速度，因为这类数控机床的刀具在移动过程中要进行切削加工。直线控制系统的刀具切削路径只沿着平行于某一坐标轴方向运动，或者沿着与坐标轴成一定角度的斜线方向进行直线切削加工，如图 2-24b 所示。采用这类控制系统的机床有数控车床、数控铣床等。

同时具有点位控制功能和直线控制功能的点位/直线控制系统，主要应用在数控镗铣床、加工中心机床上。

3）轮廓控制系统。轮廓控制系统也称连续控制系统，其特点是能够同时对两个或两个以上的坐标轴进行连续控制。加工时不仅要控制起点和终点位置，而且要控制两点之间每一点的位置和速度，使机床加工出符合图纸要求的复杂形状（任意形状的曲线或曲面）的零件。它要求数控机床的辅助功能比较齐全。CNC 装置一般都具有直线插补和圆弧插补功能。如数控车床、数控铣床、数控磨床、数控加工中心、数控电加工机床、数控绘图机等都采用此类控制系统。

这类数控机床绝大多数具有两坐标或两坐标以上的联动功能，不仅有刀具半径补偿、刀具长度补偿功能，而且还具有机床轴向运动误差补偿，丝杠、齿轮的间隙补偿等一系列功能，如图 2-24c 所示。

（2）按伺服系统控制方式分类

1）开环伺服系统。这种控制方式不带位置测量元件。数控装置根据信息载体上的指令信号，经控制装置运算发出指令脉冲，使伺服驱动元件转过一定的角度，并通过传动齿轮、滚珠丝杠螺母副，使执行机构（如工作台）移动或转动。图 2-25 为开环控制系统框图。这种控制方式没有来自位置测量元件的反馈信号，对执行机构的动作情况不进行检查，指令流向为单向，因此被称为开环控制系统。

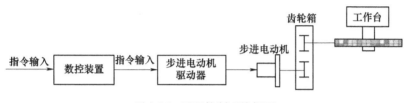

图 2-25 开环控制系统框图

步进电动机伺服系统是最典型的开环控制系统。这种控制系统的特点是系统简单，调试维修方便，工作稳定，成本较低。由于开环系统的精度主要取决于伺服元件和机床传动元件的精度、刚度和动态特性，因此控制精度较低。目前在国内多用于经济型数控机床，以及对旧机床的改造。

2）闭环伺服系统。这是一种自动控制系统，其中包含功率放大和反馈，使输出变量的值响应输入变量的值。数控装置发出指令脉冲后，当指令值送到位置比较电路时，此时若工作台没有移动，即没有位置反馈信号时，指令值使伺服驱动电动机转动，经过齿轮、滚珠丝杠螺母副等传动元件带动机床工作台移动。装在机床工作台上的位置测量元件，测出工作台的实际位移量，最后反馈到数控装置的比较器中与指令信号进行比较，并用比较后的差值进行控制。若两者存在差值，经放大器放大后，再控制伺服驱动电动机转动，直至差值为零时，工作台才停止移动。这种系统称为闭环伺服系统，图 2-26 为闭环控制系统框图。闭环伺服系统的优点是精度高、速度快。主要用在精度要求较高的数控镗铣床、数控超精车床、数控超精镗床等机床上。

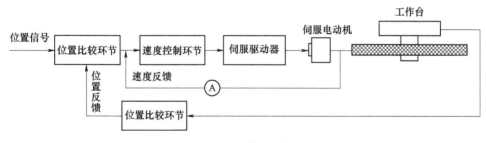

图 2-26 闭环控制系统框图

3）半闭环伺服系统。这种控制系统不是直接测量工作台的位移量，而是通过旋转变压器、光电编码盘或分解器等角位移测量元件，测量伺服机构中电动机或丝杠的转角，来间接测量工作台的位移。这种系统中滚珠丝杠螺母副和工作台均在反馈环路之外，其传动误差等仍会影响工作台的位置精度，故称为半闭环控制系统。图 2-27 为半闭环控制系统框图。

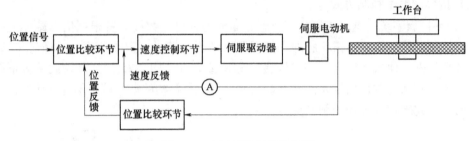

图 2-27　半闭环控制系统框图

半闭环伺服系统介于开环和闭环之间，由于角位移测量元件比直线位移测量元件结构简单，因此装有精密滚珠丝杠螺母副和精密齿轮的半闭环系统被广泛应用。目前已经把角位移测量元件与伺服电动机设计成一个部件，使用起来十分方便。半闭环伺服系统的加工精度虽然没有闭环系统高，但是由于采用了高分辨率的测量元件，这种控制方式仍可获得比较满意的精度和速度。系统调试比闭环系统方便，稳定性好，成本也比闭环系统低，目前大多数数控机床采用半闭环伺服系统。

（3）按功能水平分类　数控机床按数控系统的功能水平可分为低、中、高三档。这种分类方式在我国用得很多。低、中、高档的界限是相对的，不同时期的划分标准有所不同，就目前的发展水平来看，大体可以从以下几个方面区分，见表 2-8。

表 2-8　数控机床分类

项　　目	低档	中档	高档
分辨率和进给速度	$10\mu m$、$8\sim15m/min$	$1\mu m$、$15\sim24m/min$	$0.1\mu m$、$15\sim100m/min$
伺服进给类型	开环、步进电动机系统	半闭环直流或交流伺服系统	闭环直流或交流伺服系统
联动轴数	2 轴	$3\sim5$ 轴	$3\sim5$ 轴
主轴功能	不能自动变速	自动无级变速	自动无级变速、C 轴功能
通信能力	无	RS-232C 或 DNC 接口	MAP 通信接口、联网功能
显示功能	数码管显示、CRT 字符	CRT 显示字符、图形	三维图形显示、图形编程
内装 PLC	无	有	有
主 CPU	8 位 CPU	16 或 32 位 CPU	64 位 CPU

（4）按工艺用途分类　数控机床按不同工艺用途分类有数控的车床、铣床、磨床与齿轮加工机床等。在数控金属成型机床中，有数控的冲压机、弯管机、裁剪机等。在特种加工机床中，有数控的电火花切割机、火焰切割机、点焊机、激光加工机等。近年来在非加工设备中也大量采用数控技术，如数控测量机、自动绘图机、装配机、工业机器人等。

加工中心是一种带有自动换刀装置的数控机床，它的出现突破了一台机床只能进行一种工艺加工的传统模式。它是以工件为中心,能实现工件在一次装夹后自动地完成多种工序的加工。常见的有以加工箱体类零件为主的镗铣类加工中心和几乎能够完成各种回转体类零件所有工序加工的车削中心。

近年来一些复合加工的数控机床也开始出现,其基本特点是集中多工序、多刀刃、复合工艺加工在一台设备中完成,如图 2-28 所示。

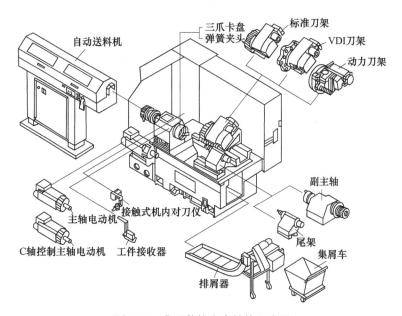

图 2-28　典型数控车床结构组成图

数控车床分为立式数控车床和卧式数控车床两种类型。立式数控车床用于回转直径较大的盘类零件的车削加工。卧式数控车床用于轴向尺寸较长或小型盘类零件的车削加工。相对于立式数控车床来说,卧式数控车床的结构形式较多、加工功能丰富、使用面广。本教材主要针对卧式数控车床进行介绍。

卧式数控车床按功能可进一步分为经济型数控车床、普通数控车床和车削加工中心。

1)经济型数控车床。采用步进电动机和单片机对普通车床的车削进给系统进行改造后形成的简易型数控车床,成本较低,但自动化程度和功能都比较差,车削加工精度也不高,适用于要求不高的回转类零件的车削加工。

2)普通数控车床。根据车削加工要求在结构上进行专门设计并配备通用数控系统而形成的数控车床,数控系统功能强,自动化程度和加工精度也比较高,适用于一般回转类零件的车削加工。这种数控车床可同时控制两个坐标轴,即 X 轴和 Z 轴。

3)车削加工中心。在普通数控车床的基础上,增加了 C 轴和动力头,更高级的机床还带有刀库,可控制 X、Z 和 C 三个坐标轴,联动控制轴可以是(X、Z)、(X、C)或(Z、C)。由于增加了 C 轴和铣削动力头,这种数控车床的加工功能大大增强,除可以进行一般车削外,还可以进行径向和轴向铣削、曲面铣削、中心线不在零件回转中心的孔和径向孔的钻削等加工。

2.5.3　车床传动系统

1. 主传动系统及主轴箱结构

（1）主运动传动系统　MJ—50 数控车床的传动系统图如图 2-29 所示。其中主运动传动系统由功率为 11kW 的主轴调速电动机驱动，经一级 1：1 的带传动带动主轴旋转，使主轴在 35～3500r/min 的转速范围内实现无级调速，主轴箱内部省去了齿轮传动变速机构，因此减少了齿轮传动对主轴精度的影响，并且维修方便。主轴传递的功率或转矩与转速之间的关系如图 2-30 所示。当机床处在连续运转状态下，主轴的转速在 437～3500r/min 范围内，主轴应能传递电动机的全部功率 11kW，为主轴的恒功率区域Ⅱ（实线）。在这个区域内，主轴的最大输出转矩（245N·m）应随着主轴转速的增高而变小。

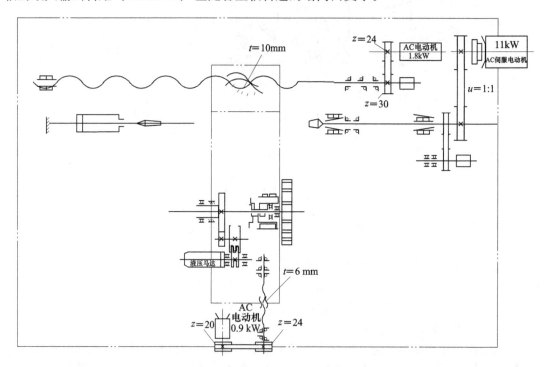

图 2-29　MJ—50 数控车床的传动系统图

主轴转速在 35～437r/min 范围内的各级转速并不需要传递全部功率，但主轴的输出转矩不变，称为主轴的恒转矩区域Ⅰ（实线）。在这个区域内，主轴所能传递的功率随着主轴转速的降低而降低。图 2-30 中虚线所示为主轴电动机超载（允许超载 30mim）时，对应的恒功率区域和恒转矩区域。电动机超载时的功率为 15kW，超载的最大输出转矩为 334N·m。

（2）主轴箱结构　MJ—50 数控车床主轴箱结构如图 2-31 所示。主轴电动机通过带轮将运动传给主轴 7。主轴有前后两个支承，前支承由一个圆锥孔双列圆柱滚子轴承 11 和一对角接触球轴承 10 组成，轴承 11 用来承受径向载荷，两个角接触球轴用来承受双向的轴向载荷和径向载荷。前支承轴承的间隙用螺母 8 来调整，螺钉 12 用来防止螺母 8 回松。主轴的后支承为圆锥孔双列圆柱滚子轴承 14，轴承间隙由螺母 1 和 6 来调整。螺钉 17 和 13 是防

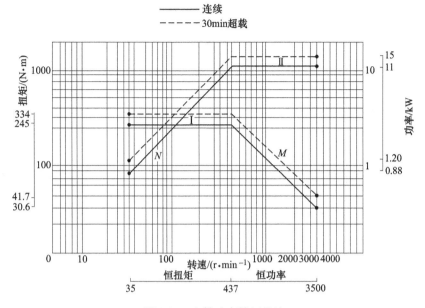

图 2-30　主轴功率转矩特性

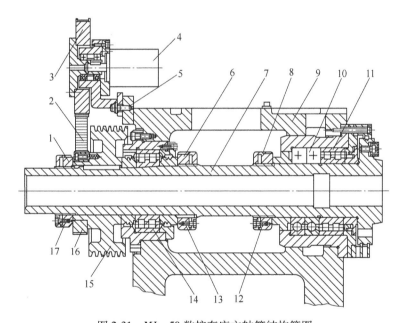

图 2-31　MJ—50 数控车床主轴箱结构简图

1、6、8—螺母　2—同步带　3、16—同步带轮　4—脉冲编码器　5、12、13、17—螺钉
7—主轴　9—主轴箱体　10—角接触球轴承　11、14—双列圆柱滚子轴承　15—带轮

止螺母 1 和 6 回松的。主轴的支承形式为前端定位，主轴受热膨胀向后伸长。前后支承所用圆锥孔双列圆柱滚子轴承的支承刚性好，允许的极限转速高。前支承中的角接触球轴承能承受较大的轴向载荷，且允许的极限转速高。主轴所采用的支承结构适宜高速大载荷的需要。主轴的运动经过同步带轮 16 和 3 以及同步带 2 带动脉冲编码器 4，使其与主轴同速。脉冲编

码器用螺钉5固定在主轴箱体9上。

（3）液压卡盘结构　卡盘是数控车床的主要夹具，为了减少数控车床装夹工件的辅助时间，广泛采用液压动力自定心卡盘，卡盘的松紧是靠用拉杆连接的液压卡盘和液压夹紧油缸的协调动作来实现的。

如图2-32a所示，液压卡盘固定安装在主轴前端，回转液压缸1与接套5用螺钉7连接，接套通过螺钉与主轴后端面连接，使回转液压缸随主轴一起转动。卡盘的夹紧与松开由回转液压缸通过一根空心拉杆2来驱动，拉杆后端与液压缸内的活塞6用螺纹连接，连接器3的两端螺纹分别与拉杆2和滑套4连接。图2-32b为卡盘内楔形机构示意图，当液压缸内的压力油推动活塞和拉杆向卡盘方向移动时，滑套4向右移动，由于滑套上楔形槽的作用，使得卡爪座11带着卡爪12沿径向向外移动，则卡盘松开。反之，液压缸内的压力油推动活塞和拉杆向主轴后端移动时，通过楔形机构使卡盘夹紧工件，卡盘9用螺钉10固定安装在主轴前端。

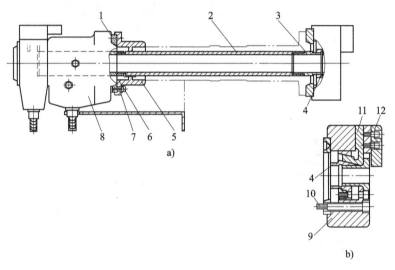

图2-32　液压卡盘结构简图

1—回转液压缸　2—拉杆　3—连接器　4—滑套　5—接套　6—活塞
7、10—螺钉　8—回转液压缸箱体　9—卡盘　11—卡爪座　12—卡爪

2. 进给传动系统

（1）进给传动系统的特点　数控车床的进给传动系统是控制X、Z坐标轴的伺服系统的主要组成部分，它将伺服电动机的旋转运动转化为刀架的直线运动，而且对移动精度要求很高，X轴最小移动量为0.0005mm（直径编程），Z轴最小移动量为0.001mm。采用滚珠丝杠螺母传动副，可以有效地提高进给系统的灵敏度、定位精度和防止爬行。另外，消除丝杠螺母的配合间隙和丝杠两端的轴承间隙，也有利于提高传动精度。

（2）进给传动方式

1）进给系统传动装置X轴。图2-33所示是MJ—50型数控车床X轴进给传动装置的结构简图。如图2-33a所示，交流伺服电动机15经同步带轮14和10以及同步带12带动滚珠丝杠6回转，其上螺母7带动（见图2-30b）刀架21沿滑板1的导轨移动，实现X轴的进给运动。电动机轴与同步带轮14用键13连接。滚珠丝杠有前、后两个支承。前支承3由三

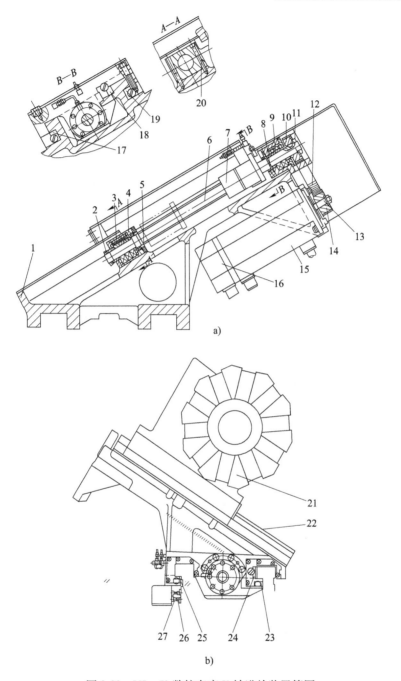

图 2-33 MJ—50 数控车床 X 轴进给装置简图

1—滑板 2、7、11—螺母 3—前支承 4—轴承座 5、8—缓冲块 6—滚珠丝杠
9—后支承 10、14—同步带轮 12—同步带 13—键 15—交流伺服电动机 16—脉冲编码器
17、18、19、23、24、25—镶条 20—螺钉 21—刀架 22—导轨护板 26、27—限位开关及撞块

个角接触球轴承组成，其中一个轴承大口向前，两个轴承大口向后，分别承受双向的轴向载荷。前支承的轴承由螺母 2 进行预紧。后支承 9 为一对角接触球轴承，轴承大口相背放置，由螺母 11 进行顶紧。这种丝杠两端固定的支承形式，结构和工艺都较复杂，但是能够保证

和提高丝杠的轴向刚度。脉冲编码器 16 安装在伺服电动机的尾部。图中 5 和 8 是缓冲块，在出现意外碰撞时起到保护作用。

　　A—A 剖视图表示滚珠丝杠前支承的轴承座 4 用螺钉 20 固定在滑板上。滑板导轨如 B—B 剖视图所示为矩形导轨，镶条 17、18、19 用来调整刀架与滑板导轨的间隙。

　　图 2-33b 中 22 为导轨护板，26、27 为机床参考点的限位开关和撞块。镶条 23、24、25 用于调整滑板与床身导轨的间隙。因为滑板顶面导轨与水平面倾斜 30°，回转刀架的自身重力使其下滑，滚珠丝杠和螺母不能以自锁阻止其下滑，故机床依靠交流伺服电动机的电磁制动来实现自锁。

　　2）进给系统传动装置 Z 轴。M—50 型数控车床 Z 轴进给传动装置简图如图 2-34 所示。交流伺服电动机 14 经同步带轮 12 和 2 以及同步带 11 传动到滚珠丝杠 5，由螺母 4 带动滑板

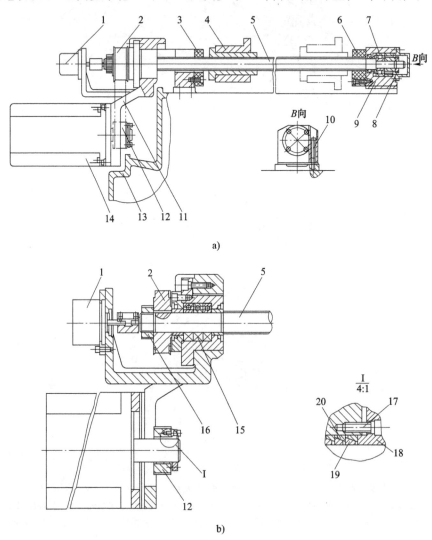

a)

b)

图 2-34　M—50 型数控车床 Z 轴进给装置简图

1—脉冲编码器　2、12—同步带轮　3、6—挡块　4、8、16—螺母　5—滚珠丝杠　7—圆柱滚子轴承

9—右支承轴承座　10、17—螺钉　11—同步带　13—床身　14—交流伺服电动机

15—角接触球轴承　18—法兰　19—内锥环　20—外锥环

连同刀架沿床身 13 的矩形导轨移动见图 2-34a，实现 Z 轴的进给运动。如图 2-34b 所示，电动机轴与同步带轮 12 之间用锥环无键连接，局部放大视图中 19 和 20 是锥面相配合的内、外锥环，当拧紧螺钉 17 时，法兰 18 的端面压迫外锥环 20，使其向外膨胀，内锥环 19 受力后向电动机轴收缩，从而使电动机轴与同步带轮连接在一起。这种连接方式无需在被连接件上开键槽，而且两锥环的内、外圆锥面压紧后，使连接配合面无间隙，对中性较好。选用锥环对数的多少，取决于所传递扭矩的大小。

滚珠丝杠的左支承由三个角接触球轴承 15 组成。其中，右边两个轴承与左边一个轴承的大口相对布置，由螺母 16 进行预紧。如图 2-34a 所示，滚珠丝杠的右支承 7 为一个圆柱滚子轴承，只用于承受径向载荷，轴承间隙用螺母 8 来调整。滚珠丝杠的支承形式为左端固定，右端浮动，留有丝杠受热膨胀后轴向伸长的余地。3 和 6 为缓冲挡块，起超程保护作用。B 向视图中的螺钉 10 将滚珠丝杠的右支承轴承座 9 固定在床身 13 上。图 2-34b 所示为 Z 轴进给装置的脉冲编码器 1 与滚珠丝杠 5 相连接的情况，可以直接检验丝杠的回转角度，从而提高系统对 Z 轴进给的精度控制。

3. 自动回转刀架

数控车床自动回转刀架的转位换刀过程如下：

1）当接收到数控系统的换刀指令后，刀盘松开。

2）刀盘旋转到指令要求的刀位。

3）刀盘夹紧并发出转位结束即到位确认信号。

图 2-35 所示为 MJ—50 型数控车床的回转刀架结构简图。回转刀架的紧固与松开以及刀盘的转位均由液压系统驱动、PC 顺序控制来实现。11 是安装刀具的刀盘，它与刀架主轴 6

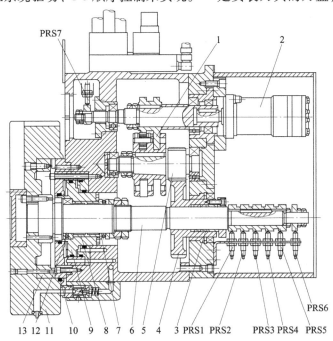

图 2-35　MJ—50 型数控车床的回转刀架结构简图

1—平板共轭分度凸轮　2—液压马达　3—锥套　4、5—齿轮　6—刀架主轴　7、12—推力球轴承
8—双列滚针轴承　9—活塞　10、13—鼠牙盘　11—刀盘

固定连接。当刀架主轴 6 带动刀盘旋转时，其上的鼠牙盘 13 和固定在刀架上的鼠牙盘 10 脱开，旋转到指定刀位后，刀盘的定位由鼠牙盘的啮合来完成。

活塞 9 支承在一对推力球轴承 7 和 12 以及双列滚针轴承 8 上，它可以通过推力球轴承带动刀架主轴移动。当接到换刀指令时，活塞 9 及刀架主轴 6 在压力油推动下向左移动，使鼠牙盘 13 与 10 脱开，液压马达 2 起动带动平板共轭分度凸轮 1 转动，经齿轮 5 和齿轮 4 带动刀架主轴及刀盘旋转。刀盘旋转的准确位置，通过开关 PRS1、PRS2、PRS3、PRS4 的通断组合来检测确认。当刀盘旋转到指定的刀位后，接近开关 PRS7 通电，向数控系统发出信号，指令液压马达停转，这时压力油推动活塞 9 向右移动，使鼠牙盘 10 和 13 啮合，刀盘被定位夹紧。接近开关 PRS6 确认夹紧并向数控系统发出信号，宣布刀架的转位换刀循环完成。

4. 机床尾座

MJ—50 型数控车床出厂时一般配置尾座，图 2-36 所示为尾座结构简图。尾座体的移动由滑板带动移动。尾座体发生移动后，由手动控制的液压缸将其锁紧在床身上。

在调整机床时，可用手动控制尾座套筒移动。顶尖 1 与尾座套筒 2 用锥孔连接，尾座套筒可带动顶尖一起移动。在机床自动工作循环时，可通过加工程序由数控系统控制尾座的移动。当数控系统发出尾座套筒伸长指令后，液压电磁阀动作，压力油通过活塞杆 4 的内孔进入尾座套筒 2 液压缸的左腔，推动尾座套筒伸出。当数控

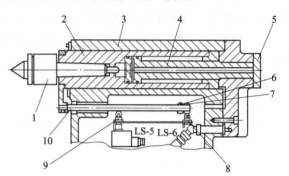

图 2-36　MJ—50 型数控车床尾座结构简图
1—顶尖　2—尾座套筒　3—尾座体　4—活塞杆
5—后端盖　6—移动挡块
7—固定挡块　8、9—确认开关　10—行程杆

系统指令其退回时，压力油进入套筒液压缸的右腔，从而使尾座套筒退回。这种尾座也称为可编程序尾座。

尾座套筒移动的行程，靠调整套筒外部连接的行程杆 10 上面的移动挡块 6 来控制。图中所示移动挡块的位置在右端极限位置时套筒的行程最长。

当套筒伸出到位时，行程杆上的移动挡块 6 压下确认开关 9，向数控系统发出尾座套筒到位信号。反之，行程杆上的固定挡块 7 压下确认开关 8，向数控系统发出套筒退回的确认信号。

2.5.4　车床电气控制原理图及液压系统

1. 车床电气控制原理图

在 MJ—50 型数控车床主电路中，M_1 为主轴电动机，拖动主轴的旋转并通过传动机构实现车刀的进给，如图 2-37 所示。主轴电动机 M_1 的运转、停止正反转由接触器 KM_1、KM_2 的三个常开主触点的接通和断开来控制，电动机 M_1 的容量小于 10kW，所以一般情况下均采用直接起动。ZD—15 为主轴制动器，该制动器适用于控制配有 15kW 以下三相交流异步电动机电气设备，该单元可以实现主轴制动力矩设定，制动时限设定并通过算法实现精确测速，系统运行时由 KM_3 控制主轴电动机是否需要制动。M_2 为冷却泵电动机，进行车削加工时，刀具的温度高，需用冷却液来进行冷却。为此，部分车床备有一台冷却泵电动机拖动冷却泵，喷出冷却液，实现刀具的冷却。冷却泵电动机 M_2 由接触器 KM_4 的主触点控制。其对应的控制电路如图 2-38 所示。带钥匙的低压断路器 QF（QF_4、QF_5、QF_6、QF_7）是漏电保护

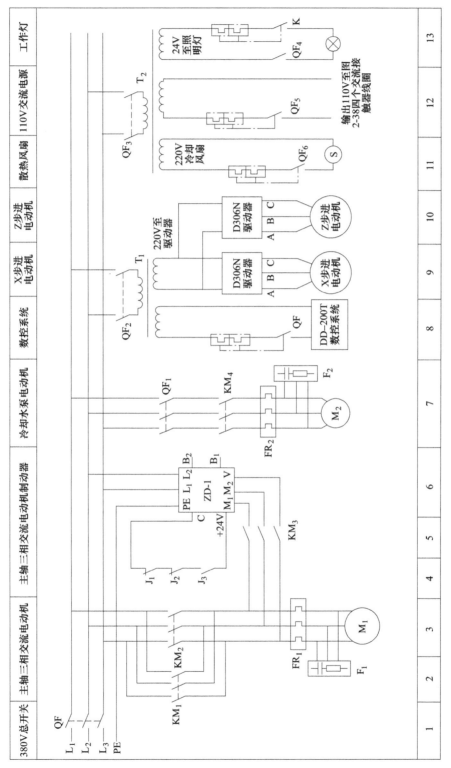

图 2-37　主轴电机和冷却电机等部分主电路控制原理图

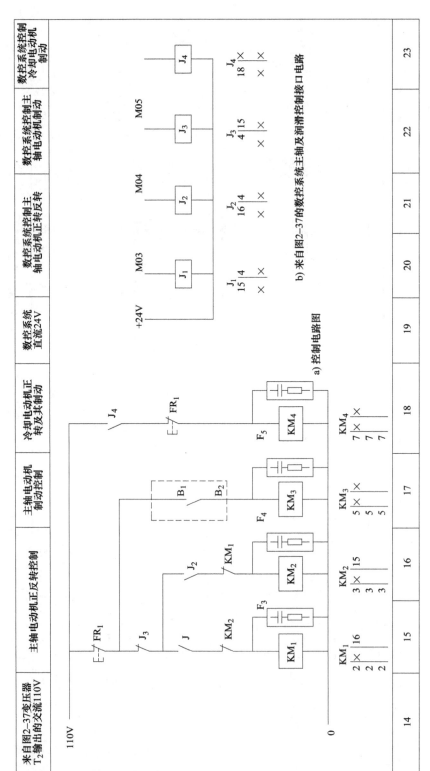

图 2-38　数控系统接口与控制电路图

开关。为了防止电动机外壳带电发生人身事故，电动机外壳均与底线连接。电源经熔断器用 FU 引入。

数控系统电源由 T_1 交流变压器变压后经 QF_7 进入 DD-200T 数控系统，T_1 另一侧 220V 低压端送至 D306N 驱动器控制对应的 X 轴和 Z 轴步进电动机。

2. MJ—50 型数控车床的液压原理图及换刀控制

MJ—50 型数控车床卡盘的夹紧与松开、卡盘夹紧力的高低压转换、回转刀架的松开与紧固、刀架刀盘的正转与反转、尾座套筒的伸出与退回都是由液压系统驱动的，液压系统中各电磁阀、电磁铁的动作都是由数控系统的 PC 控制实现的。

（1）液压系统原理图　图 2-39 所示是 MJ—50 型数控车床的液压系统原理图。机床的液压系统采用单向变量液压泵，系统压力通常调整到 4MPa，压力大小由压力表 12～14 显示。泵出口的压力油经过单向阀进入控制油路。

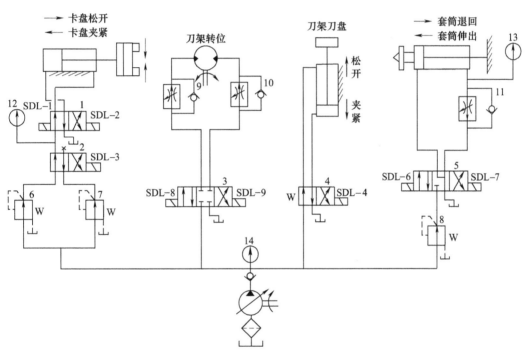

图 2-39　MJ—50 型数控车床的液压系统原理图

1、4—二位四通电磁阀　2—电磁阀　3、5—三位四通电磁阀　6、7、8—减压阀
9、10、11—调速阀　12、13、14—压力表

1）卡盘动作的控制。主轴卡盘的夹紧与松开，由一个二位四通电磁阀 1 控制。卡盘的高压夹紧与低压夹紧的转换，由电磁阀 2 控制。当卡盘处于正卡（也称外卡）且在高压夹紧状态下时，夹紧力的大小由减压阀 6 来调整，由压力表 12 来显示卡盘压力。系统压力油依次流经减压阀 6—电磁阀 2（左位）—电磁阀 1（左位）—液压缸右腔，致使活塞杆左移，卡盘夹紧。这时液压缸左腔的油液经阀 1（左位）直接回油箱。

反之，系统压力油依次流经减压阀 6—电磁阀 2（左位）—电磁阀 1（右位）液压缸左腔，致使活塞杆右移，卡盘松开。这时液压缸右腔的油液经阀 1（右位）直接回油箱。当卡盘处于正卡且在低压夹紧状态下时，夹紧力的大小由减压阀7来调整。系统压力油流经减压阀7—电磁阀2（右位）—电磁阀1（左位）—液压缸右腔，卡盘夹紧。反之，系统压力油经减压阀7—电磁阀2（右位）—电磁阀1（右位）—液压缸左腔，卡盘松开。

2）回转刀架动作的控制。回转刀架换刀时，首先是刀盘松开，接着刀盘就近转位到达指定的刀位，最后刀盘复位固紧。刀盘的固紧与松开，由一个二位四通电磁阀4控制。刀盘的旋转有正转和反转两个方向，它由三位四通电磁阀3控制，其旋转速度分别由调速阀9和10控制。电磁阀4在右位时，刀盘松开，系统压力油经电磁阀3（左位）经调速阀9到液压马达，刀架正转。若系统压力油经电磁阀3（右位）经调速阀10到液压马达，则刀架反转。电磁阀4在左位时，刀盘固紧。

3）尾座套筒动作的控制。尾座套筒的伸出与退回由三位四通电磁阀5控制，套筒伸出时的预紧力大小通过减压阀8来调整，并由压力表13显示。系统压力油经减压阀8经电磁阀5（左位）到液压缸左腔，套筒伸出。这时液压缸右腔油液经阀11和电磁阀5（左位）回油箱。反之，系统压力油经减压阀8、电磁阀5（右位）、阀11到液压缸右腔，套筒退回。这时液压缸左腔的油液经电磁阀5（右位）直接回油箱。各电磁阀的电磁铁动作顺序如表2-9所示。

表2-9　电磁铁动作顺序表

			SDL-1	SDL-2	SDL-3	SDL-4	SDL-5	SDL-6	SDL-7
卡盘正卡	高压	夹紧	+	-	-				
		松开	-	+	-				
	低压	夹紧	+	-	+				
		松开	-	+	+				
卡盘反卡	高压	夹紧	-	+	-				
		松开	+	-	-				
	低压	夹紧	-	+	+				
		松开	+	-	+				

（2）回转刀架转位换刀的控制　回转刀架转位换刀的流程如图2-40所示。回转刀架的自动转位换刀是由PC顺序控制实现的。在机床自动加工过程中，当需要换刀时，加工程序中的T代码指令回转刀架转位换刀。这时由PC输出执行信号，首先使电磁线圈SDL-4得电动作，刀盘松开，同时刀盘的夹紧确认开关PRS6断电并延时200ms随后根据T代码指令的刀具号，由液压马达驱动刀盘就近转位换刀。若SDL-8得电则刀架正转，若SDL-9得电则刀架反转。刀架转位后是否到达T代号指定的刀具位置，由一组刀号确认开关PRS1~PRS4与奇偶校验开关PRS5来确认。如果指令的刀具已到位，则开关PRS7通电，发出液压马达停转信号，使电磁铁线圈SDL-8或SDL-9失电，液压马达停转。同时，SDL-4失电，刀盘固紧，即完成了回转刀架的一次转位换刀动作。这时，开关PRS6通电，确认刀盘已固紧，机床可以进行下一个动作。

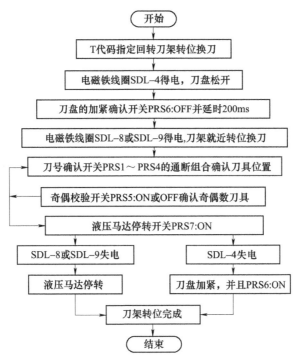

图 2-40　回转刀架转位换刀流程图

 思考题与习题

2-1　机床按加工性质和所用刀具可分为：_____、_____、_____、_____、_____、_____、_____、_____、_____、_____、_____ 及_____ 12 类。

2-2　任何规则表面都可以看作是一条线沿着另一条运动的轨迹，_____和_____统称为形成表面的发生线。

2-3　_____可以是简单成形运动，也可以是复合成形运动；_____可以是步进的，也可以是连续进行的；可以是简单成形运动，也可以是复合成形运动。

2-4　写出下列机床型号各部分的含义。

1）Y3150E。

2）CM1107 精密型转塔车床。

3）C1312 最大切削直径为 120mm 的转塔车床。

4）M1432A 最大加工直径为 320mm 经过一次重大改良的台式坐标钻床。

5）CA6140 最大切削直径为 400mm 的卧式车床。

2-5　画出卧式车床车锥螺纹的传动原理图。

2-6　CA6140 主轴反转的转速为什么比正转高？

2-7　分析车削英制螺纹的传动路线，列出运动平衡式并说明为什么能车削出标准的英制螺纹。

2-8 在 CA6140 型车床上车削下列螺纹：

1）公制螺纹 $P=3\text{mm}$；$P=8\text{mm}$；$k=2$。

2）英制螺纹 $a=4\frac{1}{2}$ 牙/in。

3）米制螺纹 $L=48\text{mm}$。

4）模数螺纹 $m=48\text{mm}$，$k=2$。

试写出传动路线表达式，并说明车削这些螺纹时可采用的主轴转速范围。

第3章 数控加工中心加工技术

数控加工中心，是由机械设备与数控系统组成且适用于加工复杂零件的高效率自动化机床。它是从数控铣床发展而来的，但与数控铣床的最大区别在于数控加工中心具有自动交换加工刀具的能力，即在具有不同用途刀具的刀库里，自由调动更换刀具，以实现多种加工功能。

数控加工中心可实现铣削、钻削、镗削及攻螺纹等加工方式。

3.1 加工中心基础

3.1.1 分类及特点

1. 数控加工中心的分类

（1）按主轴在空间中所处位置分类

1）卧式加工中心：指主轴轴线与机床工作台平行的加工中心，如图3-1所示。此类加工中心主要加工箱体类零件，如减速器箱体、齿轮泵机座等。卧式加工中心具有分度转台或数控转台，可加工工件的各个侧面，也可联合多个坐标进行联动加工，可加工较复杂的空间曲面。

2）立式加工中心：指主轴轴线与机床工作台垂直的加工中心，如图3-2所示。此类加工中心主要加工板类、盘类零件或小型的壳体类零件，如法兰盘、导向套等。

3）复合式加工中心：指通过主轴轴线与机床工作台之间的角度的

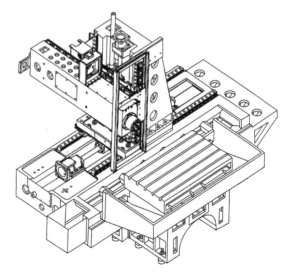

图3-1 卧式加工中心

变化可联动控制加工角度的加工中心。此类加工中心可加工复杂的空间曲面，如叶轮转子等。

（2）按加工工序分类

1）镗铣加工中心：既可加工大型零件，也可做回转加工。综合了钻、镗、铰、攻丝、两维、三维曲面等多工序的加工模式，可在一次装夹中实现孔系和平面加工，也适用于箱体孔的调头镗孔加工。

2）车铣加工中心：借助铣刀旋转和工件旋转形成的合成运动来实现工件的切削加工，使工件在几何精度以及表面光洁度等方面达到使用要求的一种先进切削加工方法。车铣加工中心是数控技术中具有非常大发展前景的切削技术。

（3）按加工精度分类

1）普通加工中心：普通加工中心的分辨率一般为 1μm，进给速度为 15～25m/min，定位精度为 10μm，重复定位精度 6～16μm。

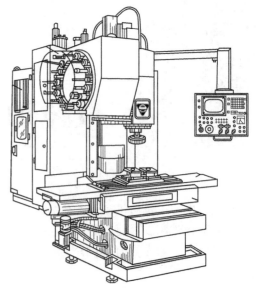

图 3-2　立式加工中心结构图

2）高精度加工中心：高精度加工中心的分辨率可达 0.1μm，最大进给速度可达 100m/min 以上，定位精度为 2μm 以内，重复定位精度一般在 5μm 以内。

2. 数控加工中心的特点

1）生产效率高：工件可在加工中心中经一次装夹后，通过数控系统来控制机床的工序、选择和更换刀具。还可自动改变机床主轴转速、进给量和刀具的运动轨迹，从而在多个工序或刀具以及运动轨迹中实现自动控制，大大降低加工的时间成本，提高生产效率。

2）加工精度高：单件或多件加工精度高且加工质量稳定，适合飞行器的加工。

3）加工复杂零件：可加工轮廓形状特别复杂或难以控制尺寸的回转体零件、特殊的螺旋零件或淬硬工件等。

数控加工中心在生产上有很多优点，解放了劳动力，从而促进加工行业的进一步发展。同时因为机床设备费用昂贵，要求维修人员和操作人员要具有较高技术水平。

3.1.2　结构及功能

数控加工中心从主体上，主要由以下几个部分组成：基础部件、主轴部件、数控系统、自动换刀系统、辅助装置。立式加工中心结构图如图 3-2 所示。

1. 基础部件

基础部件是加工中心的基础结构，其主要由床身、工作台、立柱三部分组成。这三大部分的功能主要是承担静载荷和承受切削加工时产生的动载荷，所以加工中心的基础部件必须具有足够的刚度，一般由铸造加工而成。

2. 主轴部件

主轴部件是由主轴箱、主轴电动机、主轴和主轴轴承等零部件组成。主轴是加工中心加工功率的输出部件，它的起动、停止、变速、变向等动作均由数控系统控制。主轴的旋转精度和定位准确性，会直接影响到加工中心加工精度。

3. 数控系统

数控系统是由 CNC 装置、可编程序控制器、伺服驱动系统以及面板操作系统组成，它是执行顺序控制动作和加工过程的控制中心。其中的 CNC 装置是一种位置控制系统，其控制过程是根据输入的信息进行数据处理、插补运算，获得理想的运动轨迹信息，然后输出到执行部件，加工出所需要的工件。

4. 自动换刀装置

自动换刀装置主要是由刀库、机械手等部件组成。当需要更换刀具时，数控系统发出指令后，由机械手从刀库中取出相应的刀具装入主轴孔内，然后再把主轴上的刀具送回刀库，至此完成整个换刀动作。

5. 辅助装置

辅助装置主要由润滑、冷却、排屑、防护、液压、气动和检测系统等部分组成。辅助装置虽不直接参与切削运动，但也是加工中心不可缺少的部分。辅助装置对加工中心的工作效率、加工精度和可靠性起着保障作用。

3.1.3　加工对象

数控加工中心的加工对象主要分为以下四大类：箱体类零件、复杂曲面、异形件、盘或板类零件。

1. 箱体类零件

箱体类零件是指孔系在一个以上且具有较多型腔的零件。这类零件在机械、汽车、飞机等行业应用广泛，例如汽车的发动机缸体、变速箱体，机床的床头箱、主轴箱，齿轮泵壳体等。

相比于普通机床，箱体类零件在加工中心上加工时，在一次装夹中，可完成 60%～95% 的工序内容。并且一次装夹加工后的零件在各项精度上都较好，质量稳定，从而可缩短生产周期和降低成本。

如果加工工位较多，需工作台旋转多个角度才能完成的零件，可选用卧式加工中心；如果加工工位较少，旋转角度少且跨距不大时，可选用立式加工中心。

2. 复杂曲面

自由曲面是在工程中经常遇到的复杂曲面。在航空航天、汽车、船舶、国防等领域的产品中，自由曲面占有较大的比重，例如飞机机翼、汽车外形曲面、轮机叶片、螺旋桨、各种曲面成型模具等。如果工件不出现加工干涉区或加工盲区，自由曲面一般可采用球头铣刀进行三坐标联动加工，其加工精度较高，但效率较低。如果工件存在加工干涉区或加工盲区，可以考虑采用四坐标或五坐标联动的加工中心。

3. 异形件

异形件是外形不规则的零件。异形件大多都需要点、线、面多工位混合加工，例如叉架、基座、样板等。异形件的刚性一般较差，夹压及切削变形难以控制，加工精度也难以保证。因加工中心具备工序集中的特点，故采用加工中心加工异形件，可在选用合理的工艺措施前提下，经过一次或两次装夹，完成多道工序或全部的加工内容。

4. 盘或板类零件

盘或板类零件一般都带有键槽、径向孔、端面有分布孔系或曲面的零件。端面有分布孔系、曲面的零件宜选用立式加工中心，有径向孔的可选用卧式加工中心。

3.2　加工中心自动换刀装置

自动换刀系统由刀库、选刀机构、刀具交换机构以及刀具在主轴上的自动装卸机构等部分组成。

在加工中心上加工零件时，换刀动作是由自动换刀系统完成。自动换刀系统具有换刀时间短、定位精度高、刀库储存量大、结构紧凑等优点，同时具有较好的刚性，运转的安全性高。

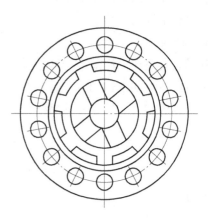

图 3-3　盘式刀库

3.2.1　刀库系统

加工中心上刀库的类型主要有盘式刀库和链式刀库，如图 3-3 和图 3-4 所示。盘式刀库通常在小型立式加工中心上。盘式刀库容量不大，一般最多可容纳 20~30 把刀。链式刀库是依靠链条将要换的刀具传到指定位置，再由机械手夹取刀具装到主轴上。链式刀库可储存较多的刀具，数量一般可达到 30~120 把，甚至更多。

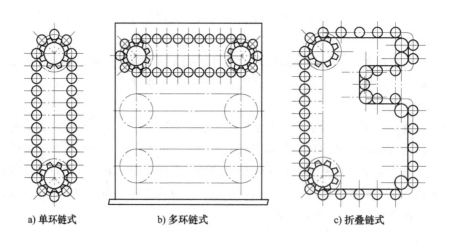

a) 单环链式　　　　　　　　b) 多环链式　　　　　　　　c) 折叠链式

图 3-4　链式刀库

3.2.2 选刀方式

自动换刀的选刀方式主要分为两种：一种为顺序选刀，即刀具需按预定顺序安装在刀库上，使用时按照预定要求转到刀具的位置，其特点是需按顺序安装，如果安装错误，则容易发生加工事故，故这类选刀方式很少使用；另一种为软件选刀，即带有编号的刀具可任意安装在刀库上，使用时计算机根据刀具编号调动对应刀具，实现选刀过程。

3.2.3 刀具交换机构

刀具交换机构一般采用机械手夹持刀具进行刀具更换。如图 3-5 所示为换刀机械手的类型。

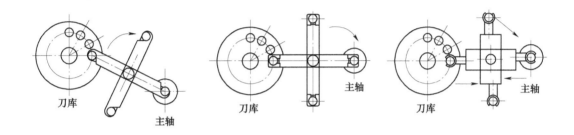

图 3-5 换刀机械手示意图

机械手的夹持方式多采用柄式夹持，如图 3-6 所示。柄式夹持主要由固定爪 7 和活动爪 4 组成。活动爪 4 在 3 处形成转动副，其一端在弹簧柱塞 6 的作用下，支靠在挡销 2 上，调整螺栓 5 可保持手掌适当的夹紧力，锁紧销 1 使活动爪 4 能牢固夹持刀柄，防止刀具在交换过程中脱落。

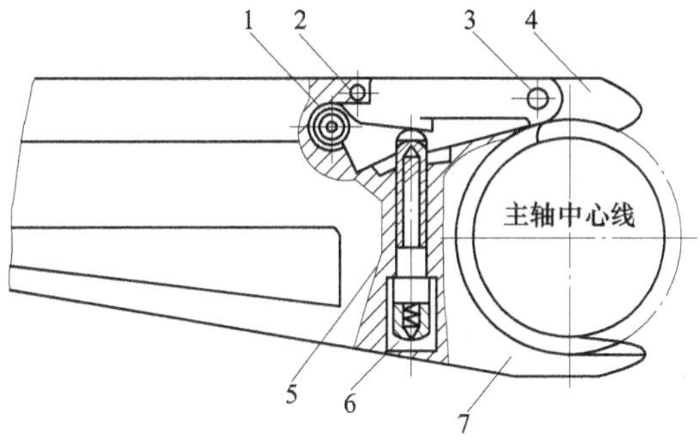

图 3-6 柄式夹持

3.2.4 刀具

数控加工中心使用的刀具主要分为两大类：铣削用刀具和孔加工用刀具。

1. 铣刀

铣削用刀具主要有：面铣刀、立铣刀、模具铣刀、键槽铣刀、鼓形铣刀、锯片铣刀、成形铣刀，如图 3-7 所示。

1）面铣刀：主要用于铣平面，材料大多采用硬质合金，硬质合金面铣刀要比高速钢面铣刀在切削效率和加工质量上更高。面铣刀生产效率高，刚性好，通用性好，能采用较大的进给量，精度高，刀具寿命长，如图 3-7a 所示。

2）立铣刀：数控加工中心中运用较广的一种铣刀。立铣刀的圆柱表面和端面上都有切

51

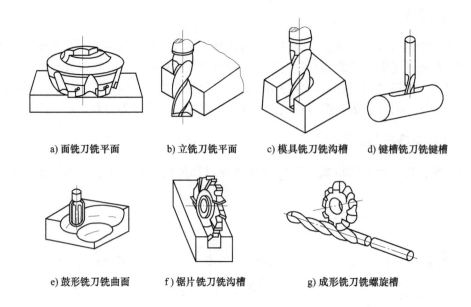

a) 面铣刀铣平面　　b) 立铣刀铣平面　　c) 模具铣刀铣沟槽　　d) 键槽铣刀铣键槽

e) 鼓形铣刀铣曲面　　f) 锯片铣刀铣沟槽　　g) 成形铣刀铣螺旋槽

图 3-7　各类铣刀加工

削刀，它们可同时进行切削，也可单独进行切削。主要用于平面铣削、凹槽铣削、台阶面铣削和仿形铣削，如图 3-7b 所示。

3）模具铣刀：由立铣刀演变而来，主要用于加工模具型腔成形表面，型腔部分的加工主要还是依靠各种立铣刀。模具铣刀若按工作部分外形可分为圆锥形平头、圆柱形球头、圆锥形球头三种；按材料可分为硬质合金模具铣刀、高速钢模具铣刀等，其中硬质合金模具铣刀用途非常广泛，可清理铸、锻、焊工件的毛边或对某些成形表面进行光整加工，如图 3-7c 所示。

4）键槽铣刀：主要用于加工各类键槽，如平键键槽、半圆键键槽等。键槽铣刀的主切削刃是在圆柱面上，而端面上的切削刃是副刀刃。键槽铣刀在工作时不能沿着铣刀的轴向做进给运动。键槽铣刀同立铣刀相比，其切削量要更大，但其不能加工平面，如图 3-7d 所示。

5）鼓形铣刀：主要用于对变斜角类零件的变斜角面的近似加工，如图 3-7e 所示。

6）锯片铣刀：既是锯片也是铣刀，主要用于铁、铝、铜等中等硬度金属材料窄而深的槽加工或切断，也可用于塑料、木材等非金属的铣削加工。超硬材料的锯片铣刀或硬质合金锯片铣刀主要用于难切削材料的铣削加工，如图 3-7f 所示。

7）成形铣刀：主要用于加工外成形表面的专用铣刀。成形铣刀的刀具轮廓形状要根据工件廓形设计，可加工复杂形状表面，且获得高精度、高质量、高生产率的产品。成形铣刀常用于加工成形直沟和成形螺旋沟，如图 3-7g 所示。

2. 孔加工刀具

孔加工刀具主要有：数控钻头、镗刀、数控铰刀、丝锥、锪孔刀。

1）数控钻头：钻头有多种类型，常用的钻头有定心钻、中心钻、麻花钻。钻的材料一般为黑色，材质为高速钢或硬质合金钢。有一些钻头也会在表面上镀有稀有硬金属薄膜的金色，是工具钢之类的材质，经过热处理变硬的，如图 3-8a 所示。

2）镗刀：孔加工刀具的一种，一般为圆柄的，根据刃口的多少和是否可调分为单刃镗刀、双刃镗刀、微调镗刀。镗刀常用于里孔加工、扩孔、仿形等，一般用在对孔的粗加工、半精加工和精加工上面，如图 3-8b 所示。

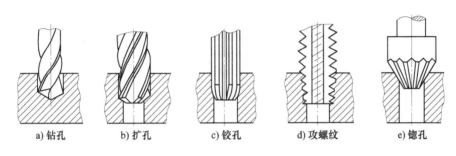

| a) 钻孔 | b) 扩孔 | c) 铰孔 | d) 攻螺纹 | e) 锪孔 |

图 3-8　孔加工刀具

3）数控铰刀：一个或多个刀齿，用以切除已加工孔表面薄层金属的旋转刀具。铰刀是具有直刃或螺旋刃的旋转精加工刀具，用于扩孔或修孔，材料为硬质合金，铰孔精度可达 IT6～IT7，如图 3-8c 所示。

4）丝锥：丝锥为一种加工内螺纹的刀具，按照形状可以分为螺旋丝锥和直刃丝锥，如图 3-8d 所示。

5）锪孔刀：为了保证孔口与孔中心线的垂直度，用锪孔刀将孔口端面锪平，并与孔中心线垂直，能使连接螺栓（或螺母）的端面与连接件保持良好接触，如图 3-8e 所示。

3.3　加工中心程序编写

本节关于加工中心程序的编写，主要以 FANUC 系统加工中心程序编制指令与使用为基础进行介绍。

3.3.1　数控系统功能

数控系统中加工程序的指令可分为：准备功能 G、辅助功能 M、刀具功能 T、主轴转速功能 S 和进给功能 F。

1. 准备功能 G

准备功能 G 是建立机床或控制数控系统工作方式的一种命令，它由地址 G 及后面两位数字构成，例如 G00、G01 等。G 代码分为模态代码和非模态代码。模态代码为一经指定一直有效，直到后续程序段出现同组代码才能取代它，如先使用直线插补命令 G01，后再使用圆弧插补 G02 才可替代直线插补命令。非模态代码是指只在本程序段有效，下程序段需重写，如暂停命令 G04。表 3-1 为 FANUC OiM 系统常用准备功能。

表 3-1　FANUC OiM 系统常用准备功能

代码	组别	功　能	备注	代码	组别	功　能	备注
G00		点定位		G57		选择工件坐标系 4	
G01	01	直线插补		G58	14	选择工件坐标系 5	
G02		顺时针方向圆弧插补		G59		选择工件坐标系 6	
G03		逆时针方向圆弧插补		G65	00	宏程序调用	非模态
G04	00	暂停	非模态	G66		宏程序模态调用	
G15	17	极坐标指令取消		* G67	12	宏程序模态调用取消	
G16		极坐标指令		G68		坐标旋转有效	
G17		XY 平面选择		* G69	16	坐标旋转取消	
G18	02	XZ 平面选择		G73		高速深孔啄钻循环	非模态
G19		YZ 平面选择		G74		左旋攻丝循环	非模态
G20	06	英制（in）输入		G76		精镗孔循环	非模态
G21		米制（mm）输入		* G80		取消固定循环	
G27		机床返回参考点检查	非模态	G81		钻孔循环	
G28		机床返回参考点	非模态	G82		深孔循环	
G29	00	从参考点返回	非模态	G83	09	深孔啄钻循环	
G30		返回第 2、3、4 参考点	非模态	G84		右旋攻丝循环	
G31		跳转功能	非模态	G85		绞孔循环	
G33	01	螺纹切削		G86		镗孔循环	
* G40		刀具半径补偿取消		G87		反镗孔循环	
G41		刀具半径补偿—左		G88		镗孔循环	
G42	07	刀具半径补偿—右		G89		镗孔循环	
G43		刀具长度补偿—正		* G90	03	绝对尺寸	
G44		刀具长度补偿—负		G91		增量尺寸	
* G49		刀具长度补偿取消		G92	00	设定工作坐标系	非模态
* G50	11	比例缩放取消		* G94	05	每分进给	
G51		比例缩放有效		G95		每转进给	
G52	00	局部坐标系设定	非模态	* G96	13	恒周速控制方式	
G53		选择机床坐标系	非模态	G97		恒周速控制取消	
G54		选择工件坐标系 1		G98	10	固定循环返回起始点方式	
G55	14	选择工件坐标系 2		* G99		固定循环返回 R 点方式	
G56		选择工件坐标系 3					

　　在表 3-1 中，打开机床电源时，标有"＊"符号的 G 代码被激活，即为默认状态。个别同组中的默认代码可由系统参数设定选择，此时默认状态发生变化；G 代码按其功能的不同分为若干组。不同组的 G 代码在同一个程序段中可以指定多个，但如果在同一个程序段中指定了两个或两个以上属于同一组的 G 代码时，只有最后面的那个 G 代码有效；在固定循环中，如果指定了 01 组的 G 代码，则固定循环被取消，即为 G80 状态；但 01 组的 G 代

码不受固定循环 G 代码影响。

2. 辅助功能 M

辅助功能 M 用来表示机床操作时，各种辅助指令及其状态。它由地址 M 及其后面的两位数字组成。表 3-2 为 FANUC OiM 系统常用辅助功能。

表 3-2　FANUC OiM 系统常用辅助功能

代　码	功　能	备　注
M00	程序停止	非模态
M01	程序选择停止	非模态
M02	程序结束	非模态
M03	主轴顺时针旋转	模态
M04	主轴逆时针旋转	模态
M05	主轴停止	模态
M06	换刀	非模态
M07	冷却液打开	模态
M08	冷却液关闭	模态
M30	程序结束并返回	非模态
M31	旁路互锁	非模态
M52	自动门打开	模态
M53	自动门关闭	模态
M74	错误检测功能打开	模态
M75	错误检测功能关闭	模态
M98	子程序调用	模态
M99	子程序调用返回	模态

3. T、S、F 功能

1）T 功能：换刀或选刀指令。它由地址 T 和其后面的数字组成，用于指定刀具号。加工中心换刀指令格式为 T_ M06，例如 T01 M06 表示调用 01 号刀具。

2）S 功能：主轴转速或速度指令。它由地址 S 和其后面的数字组成。加工中心主轴转速指令格式为 G97 S_，例如 G97 S200 表示主轴转速为 200r/min，系统开机状态为 G97 状态。加工中心恒线速度指令格式为 G96 S_，例如 G96 S100 表示切削速度为 100m/min。加工中心主轴最高速度限定指令格式为 G50 S_，例如 G50 S2000 表示主轴转速最高为 2000r/min。

3）F 功能：进给速度指令。它由地址 F 和其后面的数字组成。加工中心刀具进给速度指令格式为 G99 F_，例如 G99 F0.3 表示主轴每转刀具的进给量为 0.3mm/r；加工中心刀具进给速度指令格式为 G98 F_，例如 G98 F200 表示每分钟刀具的进给量为 200mm/min。

3.3.2　基本指令

1. 快速定位 G00

（1）指令格式

G00　X_　Y_　Z_

（2）指令功能　使刀具快速从某处移动至目标位置，只移动，不切削。

（3）举例　快速定位示例如图3-9所示。

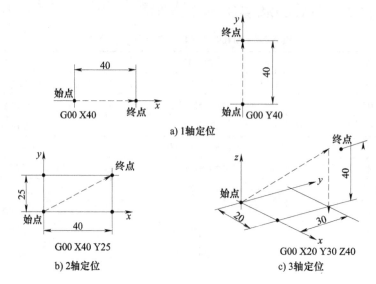

图 3-9　快速定位示例

2. 直线插补 G01

（1）指令格式

G01 X_　Y_　Z_　F_

（2）指令功能　使刀具按给定的进给速度从当前点移动至目标点。

3. 圆弧插补 G02/G03

（1）指令格式

$$\left\{\begin{matrix} G02 \\ G03 \end{matrix}\right\} X\_\ Y\_\ Z\_\ R\_\ F\_ \quad （用圆弧半径编程）$$

$$\left\{\begin{matrix} G02 \\ G03 \end{matrix}\right\} X\_\ Y\_\ Z\_\ I\_\ J\_\ K\_\ F\_ \quad （用 I、J、K 编程）$$

（2）指令功能

1）用圆弧半径编程。这种编程格式最为常见，只需确定圆弧终点和圆弧半径 R 即可。若圆弧为劣弧或半圆，书写时 R 后接半径大小；若圆弧为优弧，则 R 应写为 "-R"。

2）举例如图3-10所示，各点的坐标分别为 $A(0，0)$、$B(25，0)$、$C(50，25)$、$D(90，50)$。参考程序如下：

G90 G54 G00 X0 Y0 M03 S600;　　　　　　　　定位到 A 点

G01 X25 F200;　　　　　　　　　　　　　　从 A 点进给移动至 B 点

G02 X50 Y25 R25;　　　　　　　　　　　　走圆弧 BC

G03 X90 Y50 R-40;　　　　　　　　　　　　走圆弧 CD

3）用 I、J、K 编程，I、J、K 分别为 xyz 方向相对于圆心之间的距离。

4）举例如图3-11所示。

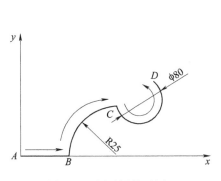

图 3-10　圆弧插补示例 1

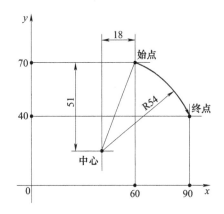

图 3-11　圆弧插补示例 2

参考程序如下:

G90 G17 G54 X60 Y70;　　　　　　　定位到起始点

G02 X90 Y40 I-18 J-51 F120;　　　　顺时针加工起始点到终点

4. 刀具半径补偿 G40/G41/G42

(1) 指令格式

$$\left.\begin{matrix} G40 \\ G41 \\ G42 \end{matrix}\right\} G01\ X\_\ \ Y\_\ \ Z\_\ \ D\_\ \ F\_\ ;$$

(2) 指令功能　在实际加工中, 刀具半径与刀具长度都各不相同, 为了避免产生较大误差, 需要使用刀具补偿指令, 使实际加工轮廓与编程轨迹一致。G40 为取消刀具补偿功能, G41 左侧刀补, 类似顺铣, 如图 3-12a 所示; G42 右侧刀补, 类似逆铣, 如图 3-12b 所示。从刀具寿命、加工精度、表面粗糙度考虑, 顺铣效果较好, 因此多采用 G41 指令。指令格式中的 D 为刀补号, 后面的数字为刀具号。

(3) 举例　刀具半径补偿示例如图 3-13 所示。

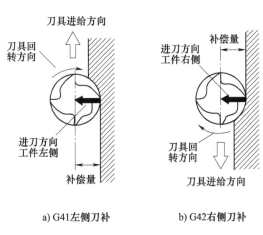

a) G41 左侧刀补　　　b) G42 右侧刀补

图 3-12　刀具半径补偿方向

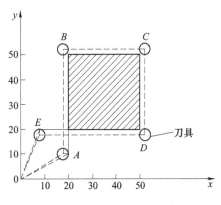

图 3-13　刀具半径补偿示例

参考程序如下：

G90 G17 G54 G00 M03；	快速定位
G41 X20 Y10 D01；	建立刀补（刀补号为01），移动到 *A* 点
G01 X20 Y50 F200；	开始顺铣，加工到 *B* 点
X50；	加工到 *C* 点
Y20；	加工到 *D* 点
X10；	退刀到 *E* 点
G00 G40 X0 Y0 M05；	解除刀补
M02；	程序结束

5. 刀具长度补偿 G43/G44/G49

（1）指令格式

$$\left\{\begin{matrix}G43\\G44\end{matrix}\right\}Z\_\ \ H\_\ ;$$

…

G49 Z_ ；或 X 或 Y

（2）指令功能　G43 为刀具长度正补偿，G44 为刀具长度负补偿，G49 取消刀具长度补偿。Z 为补偿轴的终点值，H 为刀具长度偏移量的存储器地址（H01～H32）。长度偏移量为理想刀具长度与实际使用的刀具长度之间的差值。

（3）举例　刀具长度补偿示例如图 3-14 所示，图中编程位置为刀具起点，加工路线为 ① → ② → ③ → ④ → ⑤ → ⑥ → ⑦ → ⑧ → ⑨。要求刀具在工件坐标系零点 z 轴方向向下偏移 3mm，按增量指令编程（把偏置量 3mm 存入地址为 H01 的存储器中）。

参考程序如下：

G91 G00 X60 Y80 M03 S800；	动作①
G43 Z-22 H01；	动作②
G01 Z-18 F100 M08；	动作③
G04 P2000；	动作④
G00 Z18；	动作⑤
X20 Y-20；	动作⑥
G01 Z-33 F100；	动作⑦
G00 G49 Z55 M09；	动作⑧
X-80 Y-60；	动作⑨
M05；	
M30；	

3.3.3　固定循环指令

1. 固定循环概述

（1）固定循环的基本动作　固定循环的基本动作如图 3-15 所示，图中实线表示切削进给，虚线表示快速定位。固定循环的基本动作主要有以下六个：

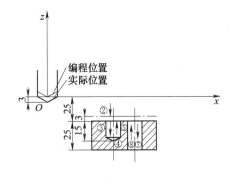

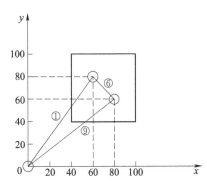

图 3-14　刀具长度补偿示例

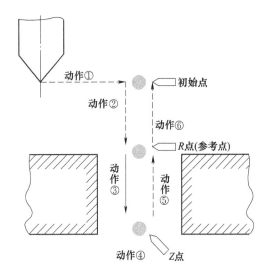

图 3-15　固定循环的基本动作

动作①——x 轴和 y 轴定位：使刀具快速定位到初始点的位置。

动作②——快进到 R 点：刀具自初始点快速进给到 R 点（参考点）。

动作③——孔加工：以切削进给的方式执行孔加工的动作（到达 Z 点）。

动作④——孔底动作：包括暂停、主轴停、刀具移动等动作。

动作⑤——返回到 R 点：继续加工其他孔时，安全移动刀具。

动作⑥——返回初始点：孔加工完成后一般应返回到初始点。

（2）固定循环的通用格式

$$\begin{Bmatrix} G90 \\ G91 \end{Bmatrix} \begin{Bmatrix} G98 \\ G99 \end{Bmatrix} \begin{Bmatrix} G73 \\ G74 \\ G76 \\ G81 \sim G89 \end{Bmatrix} X\_ \quad Y\_ \quad Z\_ \quad R\_ \quad Q\_ \quad P\_ \quad F\_ \quad L\_ \ ;$$

指令功能：

G90、G91——绝对值编程、增量值编程（程序开始就指定，可不写出）。

G98、G99——返回初始点、返回 R 点。

G73、G74、G76、G81～G89——孔加工方式，模态指令。

X、Y——孔在 xy 平面的坐标位置（绝对值或增量值）。

Z——孔底的 z 坐标值（绝对值或增量值）。

R——R 点的 z 坐标值（绝对值或增量值）。

Q——每次进给深度（G73、G83）；刀具位移量（G76、G87）。

P——暂停时间，ms。

F——切削进给的进给量，mm/min。

L——固定循环的重复次数，只循环一次时 L 可不指定。

注意：①固定循环中的参数（Z、R、Q、P、F）是模态指令；②在使用固定循环指令前要使主轴起动；③固定循环指令不能和后指令 M 代码同时出现在同一程序段；④在固定循环中，刀具半径尺寸补偿无效，刀具长度补偿有效；⑤G80、G01~G03 可取消固定循环。

2. 固定循环指令介绍

（1）钻孔循环

1）高速深孔啄钻循环指令格式：G73 X_ Y_ Z_ R_ Q_ F_ ；

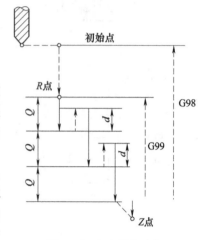

图 3-16　G73 指令动作

G73 指令用于深孔加工，一般用于 z 轴方向的间歇进给，使深加工容易出现断屑和排屑，减少退刀量，提高加工效率。如图 3-16 所示，Q 为每次进给深度，d 为退刀量，在加工时必须保证 $Q>d$。

2）钻孔循环指令格式：G81 X_ Y_ Z_ R_ F_ ；

G81 指令用于正常的钻孔，切削进给到孔底，刀具再快速退回。如图 3-17 所示，钻头先快速定位到 xy 平面的起始点，再快速定位到 R 点，接着以 F 所指定的进给速度向下钻削至孔底 z，最后快速退刀到 R 点或起始点。

3）带停顿的钻孔循环指令格式：G82 X_ Y_ Z_ R_ P_ F_ ；

G82 指令除了要在孔底暂停以外，其余动作和 G81 相同，其中暂停时间由 P 地址给出。该指令主要加工盲孔，以提高孔深精度。

4）深孔啄钻循环指令格式：G83 X_ Y_ Z_ R_ Q_ F_ ；

G83 和 G73 之间的不同在于，G83 在每次钻头间歇进给退回到点 R 平面，可把切屑带出孔外，适合深孔加工。如图 3-18 所示，图中 Q 为进给深度，d 为快速进给转化为切削进给时的预留距离，该参数由系统内部参数设定。

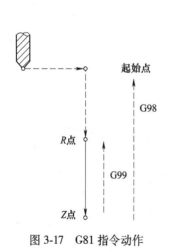

图 3-17　G81 指令动作

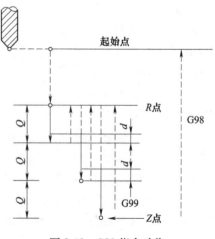

图 3-18　G83 指令动作

5）举例：加工图 3-19 所示工件的五个孔，分别用 G81 和 G83 编程。

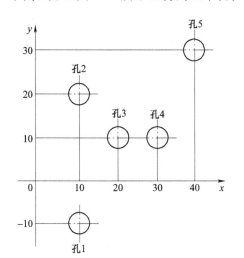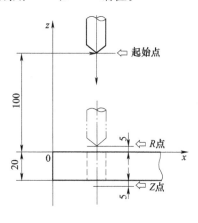

图 3-19　钻孔循环示例

①G81（增量方式）编程：

G90 G54 G00 X0 Y0 Z100 S200 M03；

G91 G99 G81 X10 Y-10 Z-30 R-95 F150；

Y30；

X10 Y-10；

X10；

G98 X10 Y20；

G80 X-40 Y-30 M05；

M30；

②G83（绝对方式）编程：

G90 G54 G00 X0 Y0 Z100 S200 M03；

G99 G83 X10 Y-10 Z-25 R-5 Q5 F150；

Y20；

X20 Y10；

X30；

G98 X40 Y30；

G80 X0 Y0 M05；

M30；

（2）镗孔循环

1）精镗孔循环指令格式：G76 X_ Y_ Z_ R_ Q_ P_ F_ ；

G76 指令的循环动作如图 3-20 所示，刀具到达孔底后，主轴再定向停止，并向刀尖反方向移动 Q，然后快速退刀，这样可以保证已加工的表面不会被划伤，保证了镗孔精度。

2）镗孔循环指令格式：G86 X_ Y_ Z_ R_ F_ ；

G86 与 G81 动作指令上相同，G86 只是刀具在孔底时主轴停止，然后快速退回，如图 3-

21 所示。

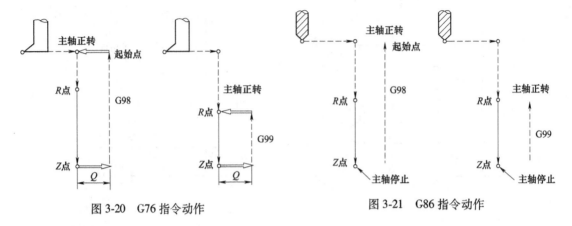

图 3-20 G76 指令动作   图 3-21 G86 指令动作

（3）螺纹循环

1）攻右旋螺纹循环指令格式：G84 X_ Y_ Z_ R_ F_ ；

G84 用于攻右旋螺纹，丝锥到达孔底时主轴正转，退出时主轴反转，其指令动作如图 3-22 所示。攻螺纹过程要求主轴转速与进给速度成严格的比例关系，因此，编程时要求根据主轴转速计算进给速度。进给速度等于导程乘以主轴转速。

2）攻左旋螺纹循环指令格式：G74 X_ Y_ Z_ R_ F_ ；

G74 用于攻左旋螺纹，进给时主轴反转，退刀时主轴正转，其指令动作如图 3-23 所示，指令的其余参数与 G84 相同。

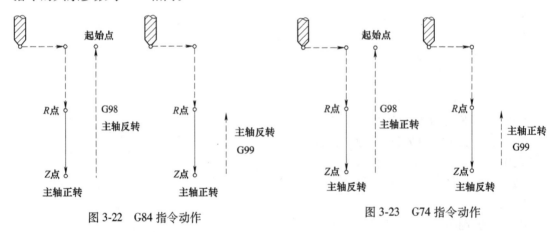

图 3-22 G84 指令动作   图 3-23 G74 指令动作

（4）取消固定循环 取消固定循环的指令为 G80，当用 G80 取消孔加工固定循环，同时 R 点和 Z 点也被取消，而那些在固定循环之前的插补模态将恢复。

3.3.4 编程综合实例

如图 3-24 所示，编制盖板零件的加工程序。

1. 确定被加工面

盖板的毛坯为铸造件，其形状为正方形，四个侧面不作为加工面，加工面只处于 A、B 两个表面上。从图样中看出，最高精度为 IT7 级。同时出于加工和定位方便考虑，以 A 面作

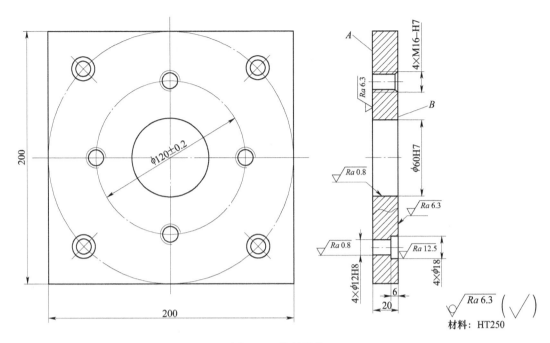

图 3-24　盖板零件

为定位基准面，先加工好，再以其为基准加工 B 面。

2. 选择加工工步

选择立式加工中心。加工工步分别为：粗铣、精铣、粗镗、半精镗、精镗、钻、扩、锪、铰、攻螺纹。

3. 确定加工方法

1）整体 B 面采用粗铣→精铣方案。

2）φ60H7 孔为已铸出毛坯孔，可采用粗镗→半精镗→精镗方案。

3）φ12H8 孔按照钻中心孔→钻孔→扩孔→铰孔方案。

4）φ18 孔在 φ12 孔基础上锪孔至 6mm 深度即可。

5）M16 螺纹孔采用钻中心孔→钻底孔→倒角→攻螺纹方案加工。

4. 确定加工顺序

根据先面后孔、先粗后精的加工原则。具体加工顺序为粗、精铣 B 面→粗、半精、精镗 φ60H7 孔→钻各光孔和螺纹孔的中心孔→钻、扩、锪、铰 φ12H8 及 φ18 孔→M16 螺纹孔、钻底孔、倒角和攻螺纹。

5. 制作工艺卡片

数控加工工序卡片见表 3-3，采用台钳作为夹具，加工设备为 XH714 立式加工中心。

表 3-3　数控加工工序卡片

单位		零件名称	盖板			材料	HT250
工步号	工步内容	刀具号	主轴转速 /(r · min⁻¹)	进给速度 /(mm · min⁻¹)	背吃刀量 /mm	备注	
1	粗铣 B 平面留余量 0.5mm	T01	300	70	3.5		

（续）

单位		零件名称	T13	盖板		材料	HT250
2	粗铣 B 平面至尺寸	T13	350	50	0.5		
3	粗镗 ϕ 60H7 孔至 ϕ 58mm	T02	400	60			
4	半粗镗 ϕ 60H7 孔至 ϕ 59.95mm	T03	450	50			
5	粗镗 ϕ 60H7 孔至尺寸	T04	500	40			
6	钻 4× ϕ 12H8 及 4×M16 中心孔	T05	1000	50			
7	钻 4× ϕ 12H8 至 ϕ 10mm	T06	600	60			
8	扩 4× ϕ 12H8 至 ϕ 11.85mm	T07	300	40			
9	锪 4× ϕ 18mm 至尺寸	T08	150	30			
10	铰 4× ϕ 12H8 至尺寸	T09	100	40			
11	钻 4×M16mm 底孔至 ϕ 14mm	T10	450	60			
12	倒 4×M16mm 底孔端角	T11	300	40			
13	攻 4×M16mm 螺纹孔	T12	100	200			
编制		审核		批准		共 页	第 页

6. 选择刀具

所需刀具有面铣刀、镗刀、中心钻、麻花钻、铰刀、立铣刀（锪 ϕ 18mm 孔）及丝锥等，其规格根据加工尺寸选择。数控加工刀具编号见表 3-4。

表 3-4 数控加工刀具编号

单位			零件名称	盖板	零件图号		
工步号	刀具号	刀具名称	刀具		补偿值	备注
			直径/mm	长度/mm		
1	T01	面铣刀 ϕ 100mm	ϕ 100			
2	T13	面铣刀 ϕ 100mm	ϕ 100			
3	T02	镗刀 ϕ 58mm	ϕ 58			
4	T03	镗刀 ϕ 59.95mm	ϕ 59.95			
5	T04	镗刀 ϕ 60H7	ϕ 60H7			
6	T05	中心钻 ϕ 3mm	ϕ 3			
7	T06	麻花钻 ϕ 10mm	ϕ 10			
8	T07	扩孔钻 ϕ 11.85mm	ϕ 11.85			
9	T08	阶梯铣刀 ϕ 18mm	ϕ 18			
10	T09	铰刀 ϕ 12H8	ϕ 12H8			
11	T10	麻花钻 ϕ 14mm	ϕ 14			
12	T11	麻花钻 ϕ 18mm	ϕ 18			
13	T12	机用丝锥 M16mm	M16			
编制		审核		批准		共 页	第 页

7. 确定进给路线

B 平面的粗或精铣削进给路线按照铣刀的直径来决定，铣刀直径为 $\phi 100mm$，则按沿 z 轴方向两次进给，如图 3-25 所示。所有孔的加工路线都按最短路程确定。

8. 加工程序

编程程序采用绝对方式编写。如图 3-25 所示，编写子程序和 B 面粗铣、精铣程序。

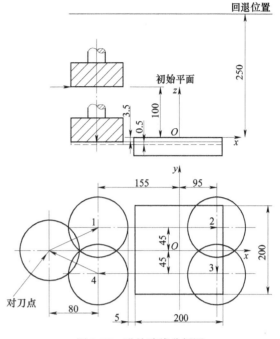

图 3-25　进给路线分析图

00001/子程序：

G00 X-155 Y45；

M08；

G01 X95 F70；

Y-45；

X-155；

G00 X-235 Y0；

G00 G49 Z100；

M09；

M05；

M99；

B 面粗铣：

G21；

G90 G28 X0 Y0 Z0 T01 M06；

G00 G54 X-235 Y0；对刀点

M03 S300；

Z100 G43 H01；

Z-3.5；

M98 P0001；调用子程序

B 面精铣：

G90 G28 X0 Y0 Z0 T13 M06；

G00 Z100 G43 H13；

Z-4；

M03 S350；

M98 P0001；再次调用子程序

镗 $\phi 60H7$ 孔进给路线如图 3-26 所示，编写 $\phi 60H7$ 孔的初镗、半精镗和精镗程序如下。

初镗 $\phi 60H7$ 孔：

G90 G28 X0 Y0 Z0 T02 M06；

G00 Z100 G43 H02；

M03 S400；

M08；

G98 G85 X0 Y0 Z-25 R5 F60；

G80 M05；

G49 M09；

精镗 φ60H7 孔：

G90 G28 X0 Y0 Z0 T04 M06；

G00 Z100 G43 H04；

M03 S500；

M08；

G98 G76 X0 Y0 Z-25 R5 Q5 P2000 F40；

G80 M05；

G49 M09；

半精镗 φ60H7 孔：

G90 G28 X0 Y0 Z0 T03 M06；

G00 Z100 G43 H03；

M03 S450；

M08；

G98 G85 X0 Y0 Z-25 R5 F50；

G80 M05；

G49 M09；

钻中心孔进给路线如图 3-27 所示，编写程序如下。

钻八个中心孔：

G90 G28 X0 Y0 Z0 T05 M06；

G00 Z100 G43 H05；

M03 S1000；

M08；

G81 G99 X-60 Y0 Z-5 R3 F50；孔 1

X-70.71 Y70.71；孔 2

X0 Y60；孔 3

X70.71 Y70.71；孔 4

X60 Y0；孔 5

X70.71 Y-70.71；孔 6

X0 Y-60；孔 7

X-70.71 Y-70.71；孔 8

G98；

G80 M05；

G49 M09；

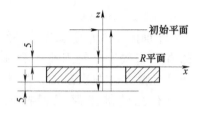

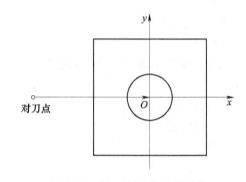

图 3-26 镗 φ60H7 孔进给路线

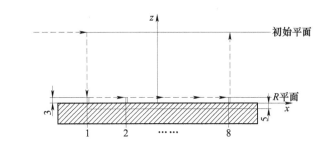

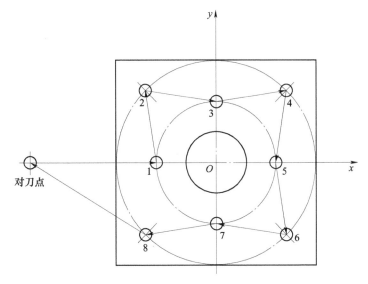

图 3-27 钻中心孔进给路线

钻、扩、铰 φ12H8 孔进给路线如图 3-28 所示，编写 φ12H8 孔的加工程序如下。

钻 4×φ10 孔：

G90 G28 X0 Y0 Z0 T06 M06；

G00 Z100 G43 H06；

S600 M03；

M08；

G99 G81 X-70.71 Y70.71 Z-28 R3 F60；孔 1

X70.71；孔 2

Y-70.71；孔 3

X-70.71；孔 4

G98 M09；

G49 M05；

扩 4×φ11.85 孔：

G90 G28 X0 Y0 Z0 T07 M06；

G00 Z100 G43 H07；

M03 S300；

G99 G81 X-70.71 Y70.71 Z-28 R3 F40；孔 1

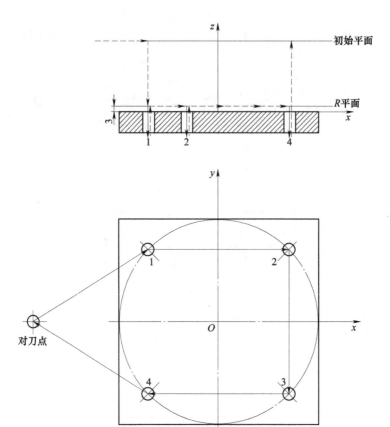

图 3-28 钻、扩、铰 ϕ12H8 孔进给路线

X70.71；孔 2

Y-70.71；孔 3

G98 X-70.71；孔 4

G80 M05；

G49 M09；

铰孔至 ϕ12H8：

G90 G28 X0 Y0 Z0 T08 M06；

G00 Z100 G43 H08；

M03 S100；

M08；

G81 G99 X-70.71 Y70.71 Z-28 R3 F40；孔 1

X70.71；孔 2

Y-70.71；孔 3

G98 X-70.71；孔 4

G80 M05；

G49 M09；

锪 ϕ18mm 孔进给路线如图 3-29 所示，编写程序如下。

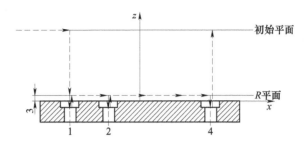

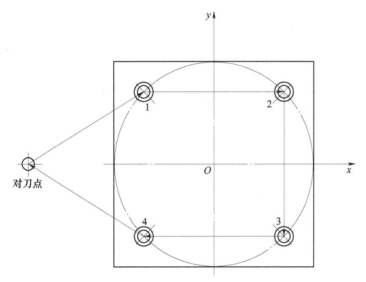

图 3-29　锪 ϕ18mm 孔进给路线

锪孔至 ϕ18：

G90 G28 X0 Y0 Z0 T09 M06；

G00 Z100 G43 H09；

M03 S150；

M08；

G81 G99 X-70.71 Y70.71 Z-6 R3 F30；孔 1

X70.71；孔 2

Y-70.71；孔 3

G98 X-70.71；孔 4

G80 M05；

G49 M09；

钻螺纹底孔、攻螺纹进给路线如图 3-30 所示，编写程序如下。

钻螺纹底孔：

G90 G28 X0 Y0 Z0 T10 M06；

G00 Z100 G43 H10；

M03 S450；

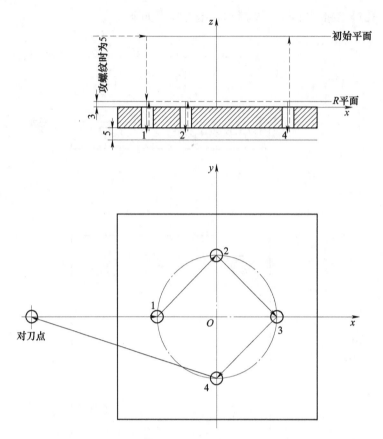

图 3-30   钻螺纹底孔、攻螺纹进给路线

M08；

G81 G99 X-60 Y0 Z-28 R3 F60；

X0 Y60；

X60 Y0；

G98 X0 Y-60；

G80 M05；

G49 M09；

攻螺纹 4×M16：

G90 G28 X0 Y0 Z0 T12 M06；

G00 Z100 G43 H12；

M03 S100；

M08；

G84 G99 X-60 Y0 Z-24 R5 F200；

X0 Y60；

X60 Y0；

G98 X0 Y-60；

G80 M09；

G49 M05；

M30；

3.4　加工中心仿真

3.4.1　仿真软件介绍

随着计算机技术的不断发展，设计、绘图、加工、生产等后期过程都逐渐得到了计算机的帮助或替代，精度也得到了提升。

PowerMILL 是世界领先的专业数控计算机辅助制造软件。PowerMILL 具有完整的加工方案，对预备的加工模型无需人工干预，对操作者无经验要求，编程人员可较轻松地完成工作。PowerMILL 通常用于模具制造、汽车和航空航天中出现的复杂形状零部件的制造模拟仿真。本节主要介绍 PowerMILL 2019 中文版软件的使用。

1. 启动和关闭 PowerMILL 2019

（1）启动 PowerMILL 2019　在安装好软件后，启动软件主要有两种方法：

1）单击"开始"→"所有程序"→"Autodesk PowerMILL 2019"→"Autodesk Power-MILL Ultimate 2019"，从而启动软件。

2）双击桌面的 Autodesk PowerMILL Ultimate 2019 的快捷方式图标 ，启动页面如图 3-31 所示。

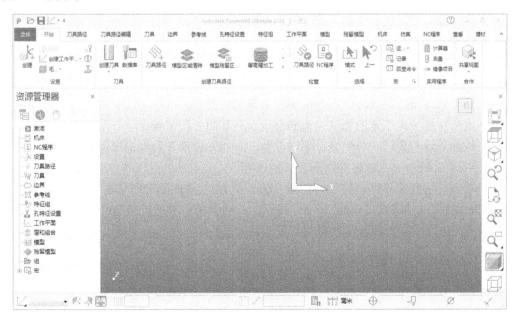

图 3-31　PowerMILL 启动页面

（2）关闭 PowerMILL 2019　项目保存完毕后，关闭 PowerMILL 2019 有两种方法：

1）单击图 3-31 页面左上角"文件"选项卡→"关闭"。

2）单击图 3-31 页面右上角关闭按钮"×"。

2. PowerMILL 2019 的用户界面

用户界面是用户与系统软件进行交互对话的窗口。PowerMILL 2019 用户界面的组成如图 3-32 所示。

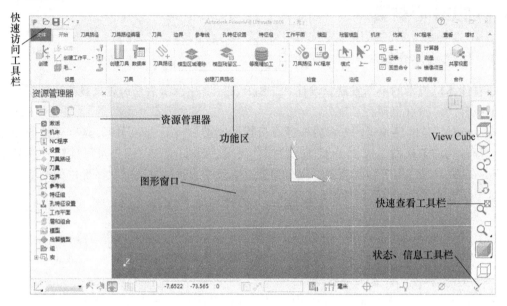

图 3-32　PowerMILL 2019 用户界面的组成

（1）快速访问工具栏　快速访问常用功能区的命令，例如打开、保存、创建工作平面，从而无需浏览功能区。

（2）功能区　包含 PowerMILL 的所有操作功能的选项卡，例如毛坯的建立，刀具的选择，仿真的生成等都在功能区完成。

（3）资源管理器　提供对所有 PowerMILL 条目的控制。

（4）图形窗口　用于显示加工过程的窗口，屏幕的工作区域。

（5）快速查看工具栏　可快速从不同位置、不同方位来查看图形窗口内的工件。

（6）View Cube　交互地定向图形窗口的内容。

（7）状态、信息工具栏　位于窗口最下方，是创建和激活工作平面、显示各种预设和用户定义的设置。如果将光标悬停在一个按钮上，则会显示帮助。帮助可以是鼠标下面项目的简要描述，也可以是正在进行计算的有关信息。

3.4.2　PowerMILL 加工范例

通过一个型腔模具范例对 PowerMILL 进行初步了解，其基本操作如下：

1）启动 PowerMILL。

2）输入模型。

3）定义毛坯。

4）选用切削刀具。

5）产生粗加工策略。

6）产生精加工策略。

7）创建 NC 程序。

8）模拟并仿真产生的刀具路径。

9）保存 PowerMILL 项目。

1. 输入模型

单击"文件"选项卡，单击"输入"，单击"范例"，如图 3-33 所示。

打开后，显示打开范例对话框，如图 3-34 所示。在"文件类型"中选择".dgk"，在文件中选择"die.dgk"，单击打开，即输入模型完成。

再单击"查看"选项卡，单击导航面板中"全屏重画"，使模型适合屏幕显示。再单击查看面板中"ISO"倒三角箭头，选择一个选项，将显示改为等轴查看。同时也可单击外观面板中的阴影，如图 3-35 所示。

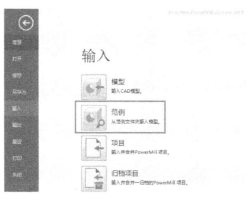

图 3-33　输入模型过程

图 3-34　打开范例对话框

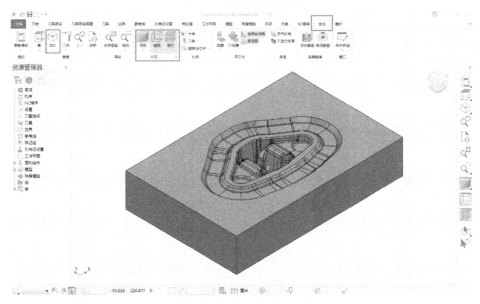

图 3-35　模具显示

2. 定义毛坯

单击"开始"选项卡，单击设置面板的"毛坯"，弹出毛坯对话框，如图3-36所示，保持默认设置。

单击"计算"，定义包围模具的长方体。然后单击"接受"，关闭对话框。

3. 粗加工设置

单击"开始"选项卡，在"创建刀具路径"面板中，选择"模型区域清除"，如图3-37所示。在窗口的"刀具路径名称"中修改为"cujiagong"。

图 3-36 定义毛坯对话框

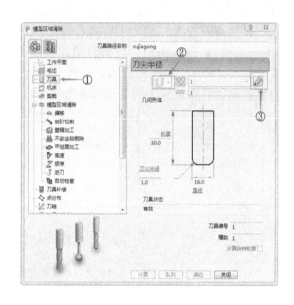

图 3-37 模型区域清除

（1）选择刀具 在"模型区域清除"对话框中，首先单击①"刀具"的图标，显示右侧的刀具页面。在右侧刀具半径页面上单击②"创建刀具"下的箭头，在刀具库中选择"刀尖圆角端铣刀"。接着再单击③图标，显示"刀尖圆角端铣刀"对话框，设置"刀尖"名称和数据，如图3-38所示。

选择"刀柄"选项卡，单击图标①后，设置数据如图3-39所示。设置完成后，单击"关闭"。

（2）定义公差 在图3-40所示"模型区域清除"窗口中，单击图标①，各类数据和工作方式如图所示，注意单击"余量"按钮，启用"径向余量"和"轴向余量"。

（3）指定快进高度 刀具可以安全移动而不会碰到零件或夹具的高度称为快进高度。依然在"模型区域清除"窗口中，如图3-41所示。单击图标①，设置页面②，所有数据和设置都与页面②相同，接着单击"计算"③。

（4）指定刀具开始点 依然在"模型区域清除"窗口中，如图3-42所示。单击图标①，设置"开始点"页面，所有数据和设置都与图3-42相同。

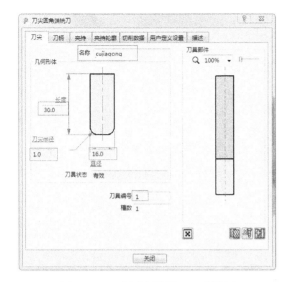

图 3-38　刀尖圆角端铣刀刀尖设置

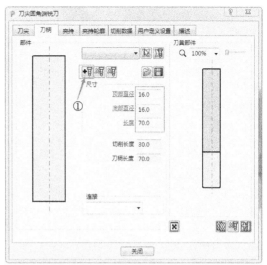

图 3-39　刀尖圆角端铣刀刀柄设置

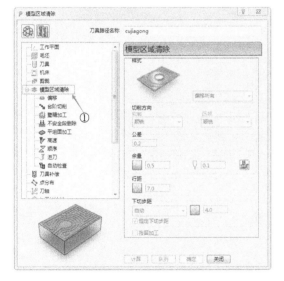

图 3-40　模型区域清除设置

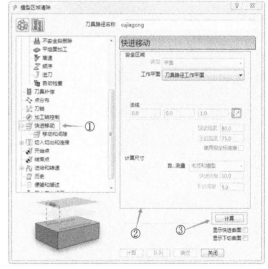

图 3-41　快速移动设置

（5）生成粗加工刀具路径　依然在"模型区域清除"窗口中，单击图标①"切入切出和连接"，再单击图标②"切入"，从"第一选择"列表中，选择"斜向"，如图 3-43 所示。接着单击图标①"高速"，设置"高速"页面如图 3-44 所示。

设置完成后，单击"模型区域清除"窗口下的"计算"按钮，从而生成粗加工刀具路径。

（6）仿真粗加工刀具路径

1）单击"查看"选项卡→"查看"面板→ISO→ISO1，重置查看。选中"外观"面板，选中"阴影"和"毛坯"。

2）单击"仿真"选项卡→"ViewMill"面板→关闭。它变为绿色，并更改为"开"。

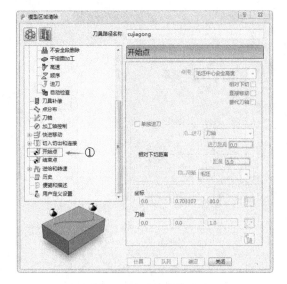

图 3-42　开始点设置　　　　　　　　　图 3-43　切入设置

图 3-44　高速设置

3）单击"仿真"选项卡→"仿真路径"面板→条目，然后选择要仿真的刀具路径"cujiagong"，如图 3-45 所示。

图 3-45　仿真初设置

4）为在不同加工路径时呈现出最佳的视觉效果，可单击"仿真"选项卡→"ViewMill"

面板→模式→固定方向，同时单击"仿真"选项卡→"ViewMill"面板→阴影→彩虹，如图 3-46 所示。

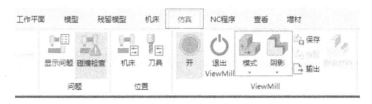

图 3-46　仿真视觉设置

5）最后进行仿真，单击"仿真"选项卡→"仿真控制"面板→运行。让仿真运行到最后，呈现结果如图 3-47 所示。

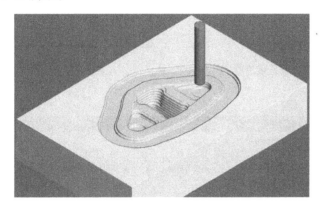

图 3-47　粗加工仿真运行结果

（7）残留粗加工设置　残留粗加工是利用较小的刀具来切除大的台阶以及粗加工刀具无法到达的区域，例如型腔和拐角。

1）如图 3-48 所示，右键单击"资源管理器"中的图标①"cujiagong"，选中"设置"，弹出"模型区域清除"窗口，再单击窗口左上角图标"基于此刀具路径创建一新的刀具路径"。在新窗口中的"刀具路径名称"中输入"canliucujiagong"。接着在窗口中勾选"残留加工"，从而窗口将切换成"模型残留区域清除"，并按图 3-49 修改相关数据。

2）如图 3-50 所示，在"模型残留区域清除"窗口中，单击图标①"刀具"，再单击图标②。

弹出"刀尖圆角端铣刀"窗口，如图 3-51 所示，接着依次单击图标①，改写名称为"canliucujiagong"，其余数据如图设置。

然后选择"刀柄"选项卡，依次单击图①，修改顶部直径为 10，长度为 40，最后单击"关闭"，如图 3-52 所示。

3）生成残留粗加工刀具路径。在"模型残留区域清除"窗口中，单击"残留"，设置数据如图 3-53 所示。最后，单击"计算"生成刀具路径，计算完成后，单击"关闭"。

4）仿真残留粗加工刀具路径。单击"仿真"选项卡→"仿真路径"面板→条目，然后选择要仿真的刀具路径"canliucujiagong"。单击"仿真控制"面板→运行，直到仿真结束，如图 3-54 所示。

图 3-48 调用模型区域清除

图 3-49 调用模型残留区域清除

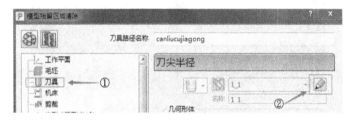

图 3-50 刀具图框调用

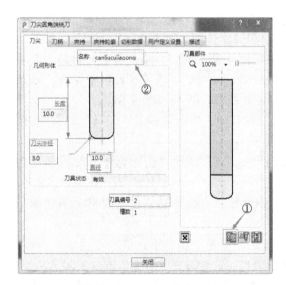

图 3-51 刀具刀尖设置

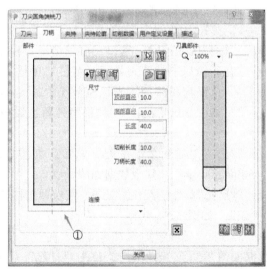

图 3-52 刀具刀柄设置

图 3-53 残留设置

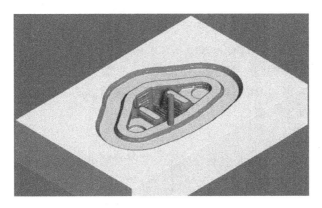

图 3-54 残留仿真加工结果

4. 精加工设置

（1）策略选择 单击"开始"选项卡→"创建刀具路径"面板→刀具路径，显示策略选择器对话框。在对话框中选择"精加工"类别，选择"陡峭和浅滩精加工"策略，然后单击"确定"，如图 3-55 所示。

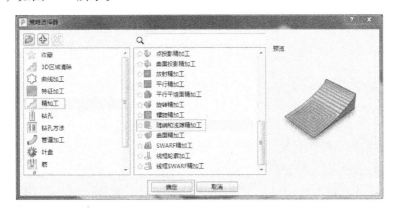

图 3-55 策略选择

（2）刀具设置 如图 3-56 所示，单击图标①"刀具"，接着单击图标②"创建-球头刀"，单击图标③"编辑"。如图 3-57 所示，设置球头刀名称及数据，选择"刀柄"选项

图 3-56　刀具设置调用

卡，依次单击图标 ⊞ "增加刀柄部件"，再设置顶部直径为 12，底部直径为 8，长度为 25，再单击图标 ⊞ "增加刀柄部件"，添加第二个刀柄组件，设置顶部直径为 12，底部直径为 12，长度为 30，设置完成后如图 3-58 所示。选择 "夹持" 选项卡，依次单击图标 ⊞ "增加夹持部件"，设置夹持名称为 "jingjiagong"，设置顶部直径为 20，底部直径为 20，长度为 20，伸出为 55，再单击图标 ⊞ "增加夹持部件"，添加夹持的上半部分，设置顶部直径为 60，底部直径为 60，长度为 10，伸出为 55，设置完成后如图 3-59 所示。最后单击 "关闭"，回到 "陡峭和浅滩精加工" 窗口。

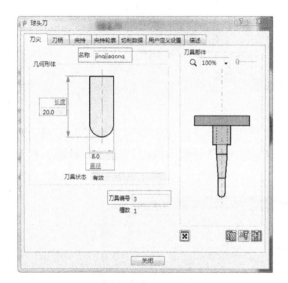

图 3-57　刀具刀尖设置　　　　　　图 3-58　刀具刀柄设置

（3）陡峭和浅滩精加工设置　如图 3-60 所示，设置分界角为 30，切削方向为顺铣，下切步距为 5，行距为 0.5，公差为 0.1，余量为 0，然后单击 "确定"。

（4）创建已选曲面边界　单击 "退出 ViewMill"。在 "查看" 选项卡中，取消毛坯，取消线框。然后使用鼠标只选择型腔表面，如图 3-61 所示。接着在 "资源管理器" 中，右键单击 "边界" → "创建边界" → "已选曲面"。弹出已选曲面边界对话框，在对话框中，名称栏输入 2，在 "刀具" 列表中，选择 "jingjiagong"，接着单击 "应用" 和 "接受"，从而关闭对话框。

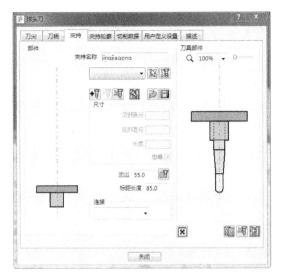

图 3-59　刀具夹持设置

图 3-60　陡峭和浅滩精加工设置

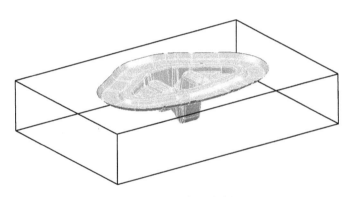

图 3-61　型腔表面选中图

（5）生成精加工刀具路径　在"资源管理器"中，展开"刀具路径"，右键单击"jingjiagong"刀具路径，选择"设置"，弹出"陡峭和浅滩精加工"窗口。接着选择"剪裁"页面，然后从"边界"列表中，选择"2"，再从"裁剪"列表中，选择"保留内部"，如图 3-62 所示。

在"陡峭和浅滩精加工"窗口中，展开"切入切出和连接"页面，在子页面中选择"切入"，然后从"第一选择"列表中，选择"无"。再选择"连接"子页面，在"第一选择"列表中，选择"曲面上"。然后单击计算，生成精加工刀具路径。最后关闭策略对话框。

接着单击"文件"，选择"保存"，弹出"保存项目为"窗口，自定义选择一个位置，例如桌面上的任意一个文件夹。

（6）仿真并生成 NC 程序　在"资源管理器"中，右键单击"NC 程序"→"创建 NC 程序"，然后修改名称为"die mould"，设置输出文件位置，一般为文件项目保存位置。再单击"机床选项文件"图标，选择"C：\ Program Files \ Autodesk \ Manufacturing Post Processor Utility 2019 \ FANUC15M-4A. OPT",最后单击"应用"和"接受"。

在"资源管理器"中,展开"刀具路径",用鼠标左键拖动"cujiagong"到"NC 程序"中的"die mould"。同理,将"刀具路径"中的"canliucujiagong"和"jingjiagong"拖动到"NC 程序"中的"die mould",如图 3-63 所示。

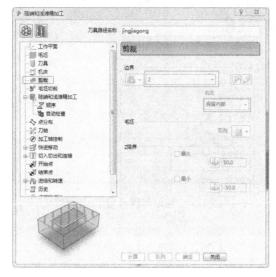

图 3-62 剪裁设置

图 3-63 NC 程序建立

然后单击"查看"选项卡→"查看"面板→ISO→ISO1,重置查看。再单击"仿真"选项卡→"ViewMill"面板→关闭,图标变为绿色,并更改为"开"。为更方便地看到刀具路径之间的差异,单击"仿真"选项卡→"ViewMill"面板→模式→固定方向,"阴影"中选择"彩虹"。

在"资源管理器"中,右键单击 NC 程序"die mould",然后选择"自开始仿真"。接着单击"仿真"选项卡→"仿真控制"面板→运行,直到仿真运行到最后,如图 3-64 所示。

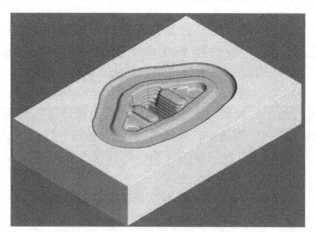

图 3-64 精加工仿真结果

输出"NC 程序",右键单击图 3-63 中"die mould",单击"写入"后处理以上三个刀具路径，处理完毕后会出现图 3-65 的"信息"窗口，关闭"信息"表格和"NC 程序"表格，在保存项目的"ncprograms"文件中，找到".tap"文件，可用"记事本"打开。

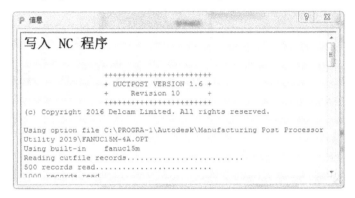

图 3-65　NC 程序写入

思考题与习题

3-1　数控加工中心从主体上，主要由以下几个部分组成：_____、_____、数控系统、_____、_____。

3-2　FANUC OiM 系统中 G28、G50、G54 指令含义分别是什么？

3-3　根据图 3-66 的尺寸，选用 $D = 12$mm 的立铣刀，编写 $ABCDEA$ 加工程序。

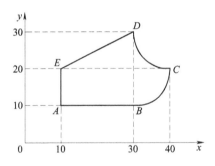

图 3-66　编程示意图

第4章 增材制造技术

增材制造（Additive Manufacturing，AM）俗称 3D 打印，融合了计算机辅助设计、材料加工与成型技术，以数字模型文件为基础，通过软件与数控系统将专用的金属材料、非金属材料以及医用生物材料，按照挤压、烧结、熔融、光固化、喷射等方式逐层堆积，制造出实体物品的制造技术。相对于传统的对原材料去除（切削）、组装的加工模式不同，AM 是一种"自下而上"通过材料累加的制造方法，从无到有。这使得过去受到传统制造方式的约束，而无法实现的复杂结构件制造变为可能。

近年来，AM 技术取得了快速的发展，"快速原型制造（Rapid Prototyping）""三维打印（3D Printing）""实体自由制造（Solid Free-form Fabrication）"等各异的叫法分别从不同侧面表达了这一技术的特点。

增材制造技术是指基于离散—堆积原理，由零件三维数据驱动直接制造零件的科学技术体系。基于不同的分类原则和理解方式，增材制造技术还有快速原型、快速成型、快速制造、3D 打印等多种称谓，其内涵仍在不断深化，外延也不断扩展，这里所说的"增材制造"与"快速成型""快速制造"意义相同。快速成型系统是下面若干先进技术集成的。

◎ 计算机辅助设计（CAD）；

◎ 计算机辅助制造（CAM）；

◎ 计算机数控（CNC）；

◎ 激光；

◎ 精密伺服驱动；

◎ 新材料。

快速成型（也称快速原型）制造技术（Rapid Prototyping & Manufacturing，RP&M 或 RP），是由 CAD 数字模型驱动的通过特定材料采用逐层累积方式制作三维物理模型的先进制造技术。

快速成型制造技术制作的原型（模型）可用于新产品的外观评估、装配检验及功能检验等，作为样件可直接替代机械加工或者其他成形工艺制造的单件或小批量的产品，也可用于硅橡胶模具的母模或熔模铸造的消失型等，从而批量地翻制塑料及金属零件。

与传统的实现上述用途的方法相比，其显著优势是制造周期大大缩短（由几周、几个月缩短为若干个小时），成本大大降低。尤其是衍生出来的后续的基于快速原型的快速模具制造技术进一步发挥了快速成型制造技术的优越性，可在短期内迅速推出满足用户需求的一定批量的产品，大幅度降低了新产品开发研制的成本和投资风险，缩短了新产品研制和投放市场的周期，在小批量、多品种、改型快的现代制造模式下具有强劲的发展势头。

快速成型技术由传统的"去除"加工法——部分去除大于工件的毛坯上的材料来得到工件，改变为全新的"增长"加工法——用一层层的小毛坯逐步叠加成大工件，将复杂的三维加工分解成简单的二维加工的组合。

快速成型技术的制造方式是基于离散堆积原理的累加式成型，从成型原理上提出了一种全新的思维模式，即将计算机上设计的零件三维模型，通过特定的数据格式存储转换并由专用软件对其进行分层处理，得到各层截面的二维轮廓信息，按照这些轮廓信息自动生成加工路径，在控制系统的控制下，选择性地固化光敏树脂、烧结粉状材料或切割一层层的成型材料，形成各个截面轮廓薄片，并逐步顺序叠加成三维实体，然后进行实体的后处理，形成原型或零件。

根据所使用的材料和建造技术的不同，目前应用比较广泛的方法有如下四种：

1）光固化成型法（Stereo Lithography Apparatus，SLA）：采用光敏树脂材料通过激光照射逐层固化而成型。

2）叠层实体制造法（Laminated Object Manufacturing，LOM）：采用纸材等薄层材料通过逐层黏结和激光切割而成型。

3）选择性激光烧结法（Selective Laser Sintering，SLS）：采用粉状材料通过激光选择性烧结逐层固化而成型。

4）熔融沉积制造法（Fused Deposition Manufacturing，FDM）：采用熔融材料加热熔化挤压喷射冷却而成型。

快速原型技术从广义上讲可以分成两类：材料累积和材料去除。但目前人们谈及的快速成型制造方法通常指的是累积式的成型方法，而累积式的快速原型制造方法通常是依据原型使用的材料及其构建技术进行分类的，如图 4-1 所示。

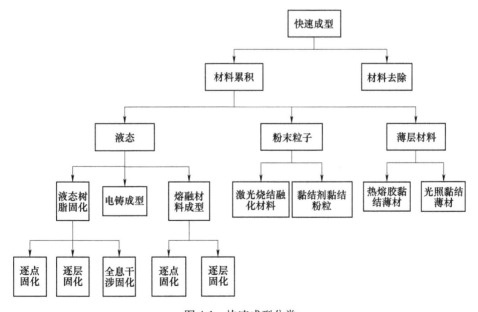

图 4-1　快速成型分类

4.1 增材制造技术的产生和发展

增材制造技术的基本原理是基于离散的增长方式成型原型或制品。历史上这种"增长"制造方式由来已久，其发展根源可以追溯到早期的地形学工艺领域。1892 年，J. E. Blanther 在其美国专利中曾建议用叠层的方法来制作地图模型。该方法指出将地形图的轮廓线压印在一系列的蜡片上并沿轮廓线切割蜡片，然后堆叠系列蜡片产生三维地貌图。1902 年，Carlo Baese 在他的美国专利中，提出了用光敏聚合物制造塑料件的原理，这是现代第一种快速成形技术——"立体平板印刷术"的初始设想。1940 年，Perera 提出了在硬纸板上切割轮廓线，然后将这些纸板黏结成三维地形图的方法。1964 年，E. E. Zang 进一步细化了该方法，建议用透明纸板，且每一块均带有详细的地貌形态标记，制作地貌图。1977 年，W. K. Swainson 在他的美国专利中提出，通过选择性的三维光敏聚合物体激光照射直接制造塑料模型工艺，同时 Battelle 实验室的 R. E. Schwerzel 也进行了类似的工作。1979 年，日本东京大学 T. Nakagawa 教授等开始用薄板技术制造出实用的工具，如落料模、成形模和注射模等。其中特别值得一提的是，T. Nakagawa 教授提出了注射模中复杂冷却通道的制作可以通过这种方式得以实现。1981 年，H. Kodama 首先提出了一套功能感光聚合物快速成型系统，应用了三种不同的方法制作叠层。快速成型技术方法发展中的部分专利见表 4-1。

表 4-1 快速成型技术方法发展中的部分专利

专利人	题　目	日期	国家
Housholder	成型工艺	1979.12	美国
Murutani	光学成型方法	1984.05	日本
Masters	计算机自动制造工艺和系统	1984.07	美国
Andre 等	制作工业零部件的设备	1984.07	法国
Hull	通过光固化成型制造三维物体的设备	1984.08	美国
Pomerantz 等	三维制图与模型设备	1986.06	以色列
Feygin	以叠层的方式整体制作模型的设备及方法	1986.06	美国
Deckard	选择烧结方法制作模型的设备及方法	1986.10	美国
Fudim	通过光固化聚合物制造三维物体的方法及设备	1987.02	美国
Arcella 等	浇注成型	1987.03	美国
Crump	制作三维物体的设备及方法	1989.10	美国
Helinski	通过粒子沉积制作三维模型的方法	1989.11	美国
Marcus	三维计算机控制的选择性气流沉积	1989.12	美国
Sachs 等	三维印刷	1989.12	美国
Levent 等	热喷涂沉积制作三维模型的方法与设备	1990.12	美国
Penn	制作三维模型的系统、方法与工艺	1992.06	美国

4.2　3D 打印技术简介

4.2.1　光固化快速成型技术

光固化快速成型工艺也常被称为立体光刻成型（Stereo Lithography，SL），有时也被称为 SLA（Stereo Lithography Apparatus），该工艺由 Charles Hull 于 1984 年获得美国专利，是最早发展起来的快速成型技术。自从 1988 年 3D Systems 公司最早推出 SLA 商品化快速成型机 SLA-250 以来，SLA 已成为目前世界上研究最深入、技术最成熟、应用最广泛的一种快速成型工艺方法。它以光敏树脂为原料，通过计算机控制紫外激光使其凝固成型。这种方法能简捷、全自动地制造出表面质量和尺寸精度较高、几何形状较复杂的原型。

1. 光固化快速成型工艺的基本原理和特点

（1）光固化快速成型工艺的基本原理　光固化成型工艺的成型过程如图 4-2 所示。液槽中盛满液态光敏树脂，氦-镉激光器或氩离子激光器发出的紫外激光束在控制系统的控制下按零件的各分层截面信息在光敏树脂表面进行逐点扫描，使被扫描区域的树脂薄层产生光聚合反应而固化，形成零件的一个薄层。一层固化完毕后，工作台下移一个层厚的距离，以使在原先固化好的树脂表面再敷上一层新的液态树脂，刮板将黏度较大的树脂液面刮平，然后进行下一层的扫描加工，新固化的一层牢固地黏结在前一层上，如此重复直至整个零件制造完毕，得到一个三维实体原型。

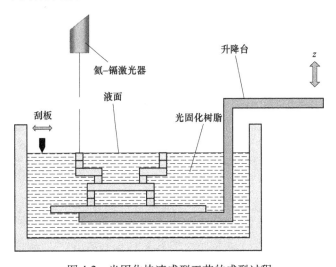

图 4-2　光固化快速成型工艺的成型过程

因为树脂材料的高黏性，在每层固化之后，液面很难在短时间内迅速流平，这将会影响实体的精度。采用刮板刮切后，所需数量的树脂便会被十分均匀地涂敷在上一叠层上，这样经过激光固化后可以得到较好的精度，使产品表面更加光滑和平整。

（2）光固化成型技术的特点

1）优点：

◎ 成型过程自动化程度高；

◎ SLA 系统非常稳定，加工开始后，成型过程可以完全自动化，直至原型制作完成；

◎ 尺寸精度高，SLA 原型的尺寸精度可以达到±0.1mm；

◎ 优良的表面质量；

◎ 虽然在每层固化时侧面及曲面可能出现台阶，但上表面仍可得到玻璃状的效果；

◎ 可以制作结构十分复杂、尺寸比较精细的模型；

◎ 可以直接制作面向熔模精密铸造的、具有中空结构的消失模；

◎ 制作的原型可以一定程度地替代塑料件。

2）缺点：

◎ 制件易变形；

◎ 成型过程中材料发生物理和化学变化；

◎ 较脆，易断裂，性能尚不如常用的工业塑料；

◎ 设备运转及维护成本较高；

◎ 液态树脂材料和激光器的价格较高；

◎ 可使用的材料较少。

2. 光固化快速成型工艺的材料

目前可用的材料主要为感光性的液态树脂材料。液态树脂有气味和毒性，并且需要避光保护，以防止提前发生聚合反应，选择时有局限性，需要二次固化，经快速成型系统光固化后的原型树脂并未完全被激光固化。

快速成型材料及设备一直是快速成型技术研究与开发的核心，也是快速成型技术的重要组成部分。快速成型材料直接决定着快速成型技术制作的模型的性能及适用性，而快速成型制造设备可以说是相应的快速成型技术方法以及相关材料等研究成果的集中体现，快速成型设备系统的先进程度标志着快速成型技术发展的水平。

（1）光固化材料优点　光固化材料是一种既古老又崭新的材料，与一般固化材料比较，光固化材料具有下列优点：

1）固化快：可在几秒钟内固化，可应用于要求立刻固化的场合。

2）不需要加热：这一点对于某些不耐热的塑料、光学、电子零件来说十分有用。

3）可配成无溶剂产品：使用溶剂会涉及许多环境问题和审批手续问题，因此每个工业部门都希望减少使用溶剂。

4）节省能量：各种光源的效率都高于烘箱，可使用单组分，无配置问题，使用周期长。

5）可以实现自动化操作及固化，提高生产的自动化程度，从而提高生产效率和经济效益。

（2）光固化材料分类　用于光固化快速成型的材料为液态光固化树脂，或称液态光敏树脂。光固化树脂材料中主要包括低聚物、反应性稀释剂及光引发剂。根据光引发剂的引发机理，光固化树脂可以分为三类。

1）自由基光固化树脂。主要有三类：第一类为环氧树脂丙烯酸酯，该类材料聚合快、原型强度高，但脆性大且易泛黄；第二类为聚酯丙烯酸酯，该类材料流平和固化好，性能可调节；第三类材料为聚氨酯丙烯酸酯，该类材料生成的原型柔顺性和耐磨性好，但聚合速度慢。稀释剂包括多官能度单体与单官能度单体两类。此外，常规的添加剂还有阻聚剂、UV

稳定剂、消泡剂、流平剂、光敏剂、天然色素等，其中的阻聚剂特别重要，因为它可以保证液态树脂在容器中保持较长的存放时间。

2）阳离子光固化树脂。主要成分为环氧化合物。用于光固化工艺的阳离子型低聚物和活性稀释剂通常为环氧树脂和乙烯基醚。环氧树脂是最常用的阳离子型低聚物，其优点如下：

◎ 固化收缩小，预聚物环氧树脂的固化收缩率为 2%～3%，而自由基光固化树脂的预聚物丙烯酸酯的固化收缩率为 5%～7%；

◎ 产品精度高；

◎ 阳离子聚合物是活性聚合，在光熄灭后可继续引发聚合；

◎ 氧气对自由基聚合有阻聚作用，而对阳离子树脂则无影响；

◎ 黏度低；

◎ 生坯件强度高；

◎ 产品可以直接用于注塑模具。

3）混杂型光固化树脂。

① 环状聚合物进行阳离子开环聚合时，体积收缩很小甚至产生膨胀，而自由基体系总有明显的收缩。混杂型体系可以设计成无收缩的聚合物。

② 当系统中有碱性杂质时，阳离子聚合的诱导期较长，而自由基聚合的诱导期较短，混杂型体系可以提供诱导期短而聚合速度稳定的聚合系统。

③ 在光照消失后阳离子仍可引发聚合，故混杂体系能克服光照消失后自由基迅速失活而使聚合终结的缺点。

3. 光固化快速成型工艺的设备

目前，研究光固化成型设备的厂商有美国的 3D Systems 公司、Aaroflex 公司，德国的 EOS 公司、F&S 公司，法国的 Laser 3D 公司，日本的 SONY/D-MEC 公司、Teijin Seiki 公司、Denken Engieering 公司、Meiko 公司、Unipid 公司、CMET 公司，以色列的 Cubital 公司以及国内的西安交通大学、上海联泰科技有限公司、华中科技大学等。

在上述研究 SLA 设备的众多公司中，美国 3D Systems 公司的 SLA 技术在国际市场的占比最大。3D Systems 公司在继 1988 年推出第一台商品化设备 SLA-250 以来，又于 1997 年推出了 SLA250HR、SLA3500、SLA5000 三种机型，在光固化成型设备技术方面有了长足的进步。其中，SLA3500 和 SLA5000 使用半导体激励的固体激光器，扫描速度分别达到 2.54m/s 和 5m/s，成型层厚最小可达 0.05mm。

此外，3D Systems 公司还采用了一种称之为 Zephyer recoating system 的新技术，该技术是在每一成型层上，用一种真空吸附式刮板在该层上涂一层 0.05～0.1mm 的待固化树脂，使成型时间平均缩短了 20%。该公司于 1999 年推出 ProJet 7000HD 机型，如图 4-3 所示。与 SLA5000 机型相比，其成型体积虽然大致相同，但其扫描速度却达 9.52m/s，平均成型速度提高了四倍，成型层厚最小可达 0.025mm，精度提高了一倍。3D Systems 公司推出的较新机型还有 Vipersi2 SLA、Viper Pro SLA 及 ProX 950 等，ProX 950 机型如图 4-4 所示。

图 4-3　3D Systems 公司的 ProJet 7000HD 机型

立体光固化成型技术（SLA）通常被视为增材制造流程的先驱技术，1988 年推出了第一个生产系统，并由 3D Systems 创始人 Chuck Hull 申请了专利。SLA 流程使用由紫外激光固化的大桶液态光敏树脂来逐层固化模型，从而创建或"打印"出实物 3D 模型。紫外光（UV）激光束由计算机导向镜引导至 UV 光聚合物树脂表面。模型根据 3D CAD 数据逐层构建。激光束追踪边界并填充模型的二维横截面，使被激光束扫描到的树脂发生固化。每个连续层都是通过将建模平台浸没到树脂中形成的，随着部件逐渐成型，平台会浸入液态树脂中。模型完成后，平台从料桶中升起，多余的树脂

图 4-4　3D Systems 公司的
ProX 950 机型

被排出。然后，从平台上取下模型，清洗多余的树脂，之后放入紫外光固化炉进行最终固化。固化后，根据特定应用的要求对 SLA 部件进行后处理。

国内西安交通大学在光固化成型技术、设备、材料等方面进行了大量的研究工作，推出了自行研制与开发的 SPS、LPS、和 CPS 三种机型，每种机型有不同的规格系列，其工作原理都是光固化成型原理，其中 SPS600 成型机如图 4-5 所示。该成型机主要性能指标与技术特征如下：

1）成型机激光器、扫描与光聚焦系统两个关键部件从国外引进，扫描速度 SPS 最大可达 7m/s、LPS 可达 2m/s，精度达 ±0.1mm；全范围扫描分辨率达 3.6μm，整机控制精度达 50μm，高于国外同类机器水平，保证了可靠性；扫描光斑直径为 0.2mm，SPS 激光寿命 >5000h，LPS 激光寿命 >2000h，与国外水平相同。

图 4-5　SPS600 成型机

2）采用了快速排序分层法，大大加快分层速度，且具有对分层数据自动诊断和修复功能。

3）国际上创新的 YLSF 成型工艺，大大减小了翘曲等变形误差，提高了原型件制作质量，原型件质量优于美国 3D Systems 公司的工艺方法；拐角误差采用自适应延时控制，减少了轮廓误差的影响，此为国际首创。

4）零件成型精度达 ±0.1mm（<100mm）或 0.1%（>100mm），与国外水平相同；样件测试尺寸合格率达到美国 3D Systems 公司 SLA 系列机器的水平，高于日本 CMET 公司 Soup 型机器的水平。

5）不同材料与结构，可调整回流量，从而改善涂层质量，此为国际首创；且可以采用不同公司、不同牌号的树脂，有良好的兼容性和开放性，优于美国 3D Systems 公司、日本 CMET 公司的同类产品。

6）零件模型管理和成型数据生成软件在 Windows 下自主开发、整机自制，用户界面全部汉化，具有优异的交互性和易学性。而且三维 STL 模型的检视、分层过程与编辑、支撑结构的设计全部实现了图视化操作；而成型控制软件是在 DOS 下开发，保证满足了控制的实时性要求，操作界面全部汉化和图视化。

4. 光固化快速成型工艺阶段分类

光固化快速原型的制作一般可以分为前处理、原型制作和后处理三个阶段。

（1）前处理 前处理阶段主要是对原型的 CAD 模型进行数据转换、摆放方位确定、施加支撑和切片分层，实际上就是为原型的制作准备数据。下面以某一小扳手的制作为例来介绍光固化原型制作的前处理过程。

1）CAD 三维造型。三维实体造型是 CAD 模型的最好表示，也是快速原型制作必需的原始数据源。没有 CAD 三维数字模型，就无法驱动模型的快速原型制作。CAD 模型的三维造型可以在 NX、Pro/E NGINEER、CATIA 等大型 CAD 软件以及许多小型的 CAD 软件上实现。

数据转换是对产品 CAD 模型的近似处理，主要是生成 STL 格式的数据文件。STL 数据处理实际上就是采用若干小三角形片来逼近模型的外表面。这一阶段需要注意的是 STL 文件生成的精度控制。目前，通用的 CAD 三维设计软件系统都有 STL 数据的输出。

2）确定摆放方位。摆放方位的处理是十分重要的，不但影响着制作时间和效率，更影响着后续支撑的施加以及原型的表面质量等，因此，摆放方位的确定需要综合考虑上述各种因素。一般情况下，从缩短原型制作时间和提高制作效率方面考虑，应该选择尺寸最小的方向作为叠层方向。但是，有时为了提高原型制作质量以及提高某些关键尺寸和形状的精度，需要将最大的尺寸方向作为叠层方向摆放。有时为了减少支撑量，以节省材料及方便后期处理，也经常采用倾斜摆放。确定摆放方位以及后续的施加支撑和切片处理等都是在分层软件系统上实现的。例如小扳手，由于其尺寸较小，为了保证轴部外径尺寸以及轴部内孔尺寸的精度，选择直立摆放。同时考虑到尽可能减小支撑的批次，大端朝下摆放。

3）施加支撑。摆放方位确定后，便可以进行支撑的施加了。施加支撑是光固化快速原型制作前处理阶段的重要工作。对于结构复杂的数据模型，支撑的施加是费时而精细的。支撑施加的好坏直接影响着原型制作的成功与否及制作的质量。支撑施加可以手工进行，也可以软件自动实现。软件自动实现的支撑施加一般都要经过人工的核查，进行必要的修改和删减。为了便于在后续处理中支撑的去除及获得优良的表面质量，目前，比较先进的支撑类型为点支撑，即在支撑与需要支撑的模型面是点接触。

4）切片分层。支撑施加完毕后，根据设备系统设定的分层厚度沿着高度方向进行切片，生成 RP 系统需求的 SLC 格式的层片数据文件，提供给光固化快速原型制作系统，进行原型制作。

（2）原型制作 光固化成型过程是在专用的光固化快速成型设备系统上进行的。在原型制作前，需要提前启动光固化快速成型设备系统，使得树脂材料的温度达到预设的合理温度，激光器点燃后也需要一定的稳定时间。设备运转正常后，启动原型制作控制软件，读入前处理生成的层片数据文件。

在模型制作之前，要注意调整工作台网板的零位与树脂液面的位置关系，以确保支撑与工作台网板的稳固连接。当一切准备就绪后，就可以启动叠层制作了。整个叠层的光固化过程都是在软件系统的控制下自动完成的，所有叠层制作完毕后，系统自动停止。界面显示了激光能源的某些信息、激光扫描速度、原型几何尺寸、总的叠层数、目前正在固化的叠层、工作台升降速度等有关信息。

（3）后处理 在快速成型系统中原型叠层制作完毕后，需要进行剥离等后续处理工作，以便去除废料和支撑结构等。对于光固化成型方法成型的原型，还需要进行后固化处理等。

5. 光固化快速成型工艺精度分析与效率

（1）光固化成型中树脂收缩变形　树脂在固化过程中都会发生收缩，通常其体收缩率约为10%，线收缩率约为3%。从分子学角度讲，光敏树脂的固化过程是从短的小分子体向长链大分子聚合体转变的过程，其分子结构发生很大变化，因此，固化过程中的收缩是必然的。

树脂收缩主要由两部分组成：一部分是固化收缩，另一部分是当激光扫描到液体树脂表面时由于温度变化引起的热胀冷缩。常用树脂的热膨胀系数为$10^{-4}\mathrm{K}^{-1}$左右，同时，温度升高的区域面积很小，因此温度变化引起的收缩量极小，可以忽略不计。

零件成型过程中树脂收缩产生的变形，后固化时收缩产生的变形后固化收缩量占总收缩量的25%~40%。

（2）光固化快速成型的精度　光固化成型的精度一直是设备研制和用户制作原型过程中密切关注的问题。光固化快速成型技术发展到今天，其原型的精度控制一直是人们持续需要解决的难题。控制原型的翘曲变形和提高原型的尺寸精度及表面精度一直是研究领域的核心问题之一。原型的精度一般包括形状精度、尺寸精度和表面精度，即光固化成型件在形状、尺寸和表面相互位置三个方面与设计要求的符合程度。形状误差主要有：翘曲、扭曲变形、椭圆度误差及局部缺陷等；尺寸误差是指成型件与CAD模型相比，在x、y、z三个方向上尺寸相差值；表面精度主要包括由叠层累加产生的台阶误差及表面粗糙度等。

影响光固化原型精度的因素很多，包括成型前和成型过程中的数据处理、成型过程中光敏树脂的固化收缩、光学系统及激光扫描方式等。按照成型机的成型工艺过程，可以将产生成型误差的因素按图4-6所示分类。

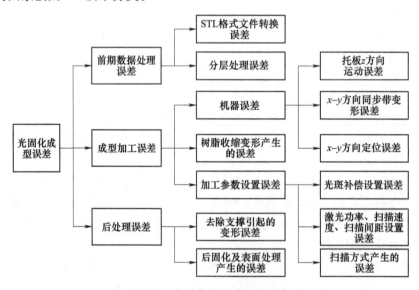

图4-6　光固化成型误差的因素

（3）光固化成型的制作效率

1）影响制作时间的因素。光固化成形零件是由固化层逐层累加形成的，成形所需要的总时间由扫描固化时间及辅助时间组成。

2）减少制作时间的方法。针对成形零件的时间构成，在成形过程中，可以通过改进加工工艺、优化扫描参数等方法，减少零件成形时间，提高加工效率，实际使用中通常采用以下几种措施：

① 减少辅助成形时间。

② 选择层数较少的制作方向。零件的层数对成型时间的影响很大，对于同一个成形零件，不同的制作方法，成型时间差别较大。采用快速成型方法制作零件时，在保证质量的前提下，应尽量减少制作层数。

3）扫描参数对成型效率的影响。减少每一层的扫描时间可以减少零件的总成型时间，提高成型效率。每一层的扫描时间与扫描速度、扫描间距、扫描方式及分层厚度有关，通常扫描方式和分层厚度是根据工艺要求确定的，每层的扫描时间取决于扫描速度及扫描间距的大小，其中扫描速度决定了单位长度的固化时间，而扫描间距的大小决定单位面积上扫描路径的长短。

4.2.2　选择性激光烧结技术

选择性激光烧结工艺（Selective Laser Sintering，SLS）又称为选区激光烧结技术，该方法最初是由美国德克萨斯大学奥斯汀分校的 C. R. Dechard 于 1989 年提出的，之后组建了DTM 公司，于 1992 年开发了基于 SLS 的商业成型机（Sinterstation）。20 年来，奥斯汀分校和 DTM 公司在 SLS 领域做了大量的研究工作，并取得了丰硕成果。德国的 EOS 公司在这一领域也做了很多研究工作，并开发了相应的系列成型设备。

华中科技大学（武汉滨湖机电产业有限责任公司）、南京航空航天大学、中北大学和北京隆源自动成型有限公司等，也取得了许多重大成果和系列的商品化设备。

SLS 工艺是利用粉末材料（金属粉末或非金属粉末）在激光照射下烧结的原理，在计算机控制下层层堆积成型。SLS 的原理与 SLA 十分相似，主要区别在于所使用的材料及其性状不同。SLA 所用的材料是液态的紫外光敏可凝固树脂，而 SLS 则使用粉状的材料。

1. 选择性激光烧结工艺的基本原理及特点

（1）选择性激光烧结工艺的基本原理　选择性激光烧结加工过程是采用铺粉辊将一层粉末材料平铺在已成形零件的上表面，并加热至恰好低于该粉末烧结点的某一温度，控制系统控制激光束按照该层的截面轮廓在粉层上扫描，使粉末的温度升至熔化点，进行烧结并与下面已成形的部分实现黏接。当一层截面烧结完后，工作台下降一个层的厚度，铺料辊又在上面铺上一层均匀密实的粉末，进行新一层截面的烧结，如此反复，直至完成整个模型，工作原理如图 4-7 所示。在成型过程中，未经烧结的粉末对模型的空腔和悬臂部分起着支撑作用，不必像 SLA 和 FDM 工艺那样另行生成支撑工艺结构。

当实体构建完成并在原型部分充分冷却后，粉末块会上升到初始的位置，将其拿出并放置到后处理工作台上，用刷子小心刷去表面粉末露出加工件部分，其余残留的粉末可用压缩空气除去。

（2）选择性激光烧结工艺的特点

1）优点：

◎ 可直接制作金属制品；

◎ 可采用多种材料；

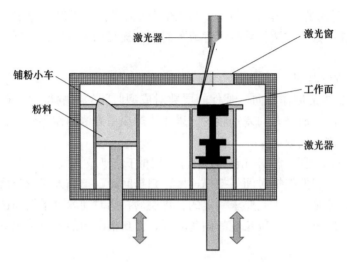

图 4-7　选择性激光烧结工艺的基本原理图

◎ 无须支撑结构；

◎ 制造工艺比较简单；

◎ 材料利用率高。

2）缺点：

◎ 原型表面粗糙；

◎ 烧结过程挥发异味；

◎ 有时需要比较复杂的辅助工艺。

2. 选择性激光烧结快速成型材料

SLS 工艺材料适应面广，不仅能制造塑料零件，还能制造陶瓷、石蜡等材料的零件。特别是可以直接制造金属零件，这使 SLS 工艺颇具吸引力。

用于 SLS 工艺的材料是各类粉末，包括金属、陶瓷、石蜡以及聚合物的粉末，工程上一般采用粒度的大小来划分颗粒等级。SLS 工艺采用的粉末粒度一般在 50~125μm 之间。

间接 SLS 用的复合粉末通常有两种混合形式：

1）黏结剂粉末与金属或陶瓷粉末按一定比例机械混合。

2）把金属或陶瓷粉末放到黏结剂稀释液中，制取具有黏结剂包裹的金属或陶瓷粉末。

实践表明，采用黏结剂包裹的粉末的制备虽然复杂，但烧结效果较机械混合的粉末好。近年来，已经开发并被应用于 SLS 粉末激光烧结快速原型制作的材料种类如表 4-2 所示。

表 4-2　用于激光烧结快速原型制作的材料种类

材　料	特　性
石蜡	主要是石蜡铸造，制造金属型
聚碳酸酯	坚固耐热，可以制造微细轮廓及薄壳结构，也可以用于消失模铸造，正逐步取代石蜡
尼龙，纤细尼龙，合成尼龙（尼龙纤维）	能制造可测试功能零件，其中合成尼龙制件具有最佳的力学性能
钢铜合金	具有较高的强度，可作注塑模

3. 选择性激光烧结快速成型设备

研究选择性激光烧结（SLS）设备工艺的单位有美国的 DTM 公司、3D Systems 公司、德国的 EOS 公司以及国内的北京隆源公司和华中科技大学等。例如，DTM 公司的 Sinterstation2500 机型如图 4-8 所示。2500Plus 机型的成型体积比过去增加了 10%，同时通过对加热系统的优化，减少了辅助时间，提高了成型速度。

华中科技大学的 HRPS-IIIA 激光粉末烧结快速成型机，如图 4-9 所示，它在硬件和软件方面有着自己的特点。

图 4-8　DTM 公司的 Sinterstation2500 机型　　　图 4-9　HRPS-IIIA 激光粉末烧结快速成型机

4. 选择性激光烧结工艺过程

选择性激光烧结工艺使用的材料一般有石蜡、高分子、金属、陶瓷粉末和它们的复合粉末材料。材料不同，其具体的烧结工艺也有所不同。

（1）高分子粉末材料烧结工艺　高分子粉末材料激光烧结快速原型制造工艺过程同样分为前处理、粉层烧结叠加以及后处理三个阶段。下面以某一铸件的 SLS 原型在 HRPS-IVB 设备上的制作为例，介绍具体的工艺过程。

1）前处理。前处理阶段主要完成模型的三维 CAD 造型，并经 STL 数据转换后输入到粉末激光烧结快速原型系统中。

2）粉层激光烧结叠加。首先对成型空间进行预热。对于 PS 高分子材料，一般需要预热到 100℃ 左右。在预热阶段，根据原型结构的特点进行制作方位的确定，当摆放方位确定后，将状态设置为加工状态。然后设定建造工艺参数，如层厚、激光扫描速度和扫描方式、激光功率、烧结间距等。当成形区域的温度达到预定值时，便可以启动制作了。

在制作过程中，为确保制件烧结质量，减少翘曲变形，应根据截面变化相应地调整粉料预热的温度。

所有叠层自动烧结叠加完毕后，需要将原型在成型缸中缓慢冷却至 40℃ 以下，取出原型并进行后处理。

3）后处理。激光烧结后的 PS 原型件强度很弱，需要根据使用要求进行渗蜡或渗树脂等进行补强处理。由于该原型用于熔模铸造，所以进行渗蜡处理。

（2）金属零件间接烧结工艺　在广泛应用的几种快速原型技术方法中，只有 SLS 工艺可以直接或间接地烧结金属粉末来制作金属材质的原型或零件。金属零件间接烧结工艺使用的材料为混合有树脂材料的金属粉末材料，SLS 工艺主要实现包裹在金属粉粒表面树脂材料的粘接。其工艺过程如图 4-10 所示。由图中可知，整个工艺过程主要分三个阶段：一是 SLS 原型件（"绿件"）的制作，二是粉末烧结件（"褐件"）的制作，三是金属溶渗后处理。

金属零件间接烧结工艺过程中的关键技术：

1）原型件制作关键技术。

① 选用合理的粉末配比：环氧树脂与金属粉末的比例一般控制在 1∶5 与 1∶3 之间。

② 加工工艺参数匹配：粉末材料的物性、扫描间隔、扫描层厚、激光功率以及扫描速度等。

2）褐件制作关键技术。烧结温度和时间：烧结温度应控制在合理范围内，而且烧结时间应适宜。

3）金属熔渗阶段关键技术。选用合适的熔渗材料及工艺：渗入金属必须比"褐件"中金属的熔点低。

（3）金属零件直接烧结工艺　金属零件直接烧结工艺采用的材料是纯粹的金属粉末，是采用 SLS 工艺中的激光能源对金属粉末直接烧结，使其融化，实现叠层的堆积。

金属零件直接烧结成型过程较间接金属零件制作过程明显缩短，无需间接烧结时复杂的后处理阶段。但必须有较大功率的激光器，以保证直接烧结过程中金属粉末的直接熔化。因而，直接烧结中激光参数的选择，被烧结金属粉末材料的熔凝过程及控制是烧结成型中的关键。

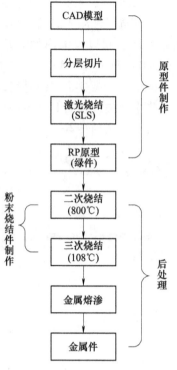

图 4-10　金属零件间接
烧结工艺流程图

（4）陶瓷粉末烧结工艺　陶瓷粉末材料的选择性激光烧结工艺需要在粉末中加入黏结剂。目前所用的纯陶瓷粉末原料主要有 Al_2O_3 和 SiC，而黏结剂有无机黏结剂、有机黏结剂和金属黏结剂等三种。

当材料是陶瓷粉末时，可以直接烧结铸造用的壳形来生产各类铸件，甚至是复杂的金属零件。

陶瓷粉末烧结制件的精度由激光烧结时的精度和后续处理时的精度决定。在激光烧结过程中，粉末烧结收缩率、烧结时间、光强、扫描点间距和扫描线行间距对陶瓷制件坯体的精度有很大影响。另外，光斑的大小和粉末粒径直接影响陶瓷制件的精度和表面粗糙度。后续处理（焙烧）时产生的收缩和变形也会影响陶瓷制件的精度。

高分子粉末材料烧结件的后处理工艺主要有渗树脂和渗蜡两种。当原型件主要用于熔模铸造的消失型时，需要进行渗蜡处理。当原型件为了提高强硬性指标时，需要进行渗树脂处理。

以高分子粉末为基底的烧结件力学性能较差，作为原型件一般需对烧结件进行树脂增强。在树脂涂料中，环氧树脂的收缩率较小，可以较好地保持烧结原型件的尺寸精度，提高高分子粉末烧结件的适用范围。

在选择性激光烧结的过程中，通过 CO_2 激光器放出的热量使粉末材料加热熔化后一层层地叠加组成一个三维物体。激光束在计算机的控制下，通过扫描器以一定的速度和能量密度按分层面的二维数据扫描。激光束扫描之处，粉末烧结成一定厚度的实体片层，未扫描的地方仍保持松散的粉末状。根据物体截面层的厚度而升降工作台，铺粉滚筒再次将粉铺平后，开始新一层的扫描。然后激光束又照射这层被选定的区域使其牢固地黏结在前一层上。如此重复直到整个制件成型完毕。

影响 SLS 成型精度的因素很多，例如 SLS 设备精度误差、CAD 模型切片误差、扫描方式、粉末颗粒、环境温度、激光功率、扫描速度、扫描间距、单层层厚等。

烧结工艺参数对精度和强度的影响是很大的。激光和烧结工艺参数，如激光功率、扫描速度和方向及间距、烧结温度、烧结时间以及层厚度等对层与层之间的黏结、烧结体的收缩变形、翘曲变形甚至开裂都会产生影响。

1) 激光功率。

① 激光功率增加，尺寸误差向正误差方向增大；

② 激光功率增加时，强度也随着增大；

③ 激光功率过大会加剧因熔固收缩而导致的制件翘曲变形。

2) 扫描速度。

① 扫描速度增加，尺寸误差向负误差的方向减小；

② 扫描速度增加，烧结制件强度减小。

3) 烧结间距。

① 烧结间距增加，尺寸误差向负误差方向减小；

② 烧结间距增加，烧结制件强度减小；

③ 烧结间距增加，成型效率提高。

4) 单层层厚。

① 单层层厚增加，尺寸误差向负误差方向减小；

② 单层层厚增加，烧结制件强度减小；

③ 单层厚度增加，成型效率提高。

此外，预热是 SLS 工艺中的一个重要环节，没有预热或者预热温度不均匀，将会使成型时间增加，所成型零件的性能低、质量差、零件精度差，或使烧结过程完全不能进行。对粉末材料进行预热，可以减小因烧结成型时受热在工件内部产生内应力，防止其产生翘曲和变形，提高成型精度。

总的来说，工艺参数的选取在保证制件的正常制作的基础上，尽可能采用较大的工艺参数，以提高加工效率。

4.2.3 熔融沉积快速成型技术

熔融沉积快速成型（Fused Deposition Modeling，FDM）是继光固化快速成型和叠层实体快速成型工艺后的另一种应用比较广泛的快速成型工艺方法。该工艺方法以美国 Stratasys 公司开发的 FDM 制造系统的应用最为广泛。该公司自 1993 年开发出第一台 FDM1650 机型后，先后推出了 FDM2000、FDM3000、FDM8000。1998 年又推出引人注目的 FDM Quantum 机型，FDM Quantum 机型的最大造型体积达到 600mm×500mm×600mm。此外，该公司推出的 Dimension 系列小型 FDM 三维打印设备得到市场的广泛认可，仅 2005 年的销量就突破了 1000 台。国内的清华大学与北京殷华公司也较早地进行了 FDM 工艺商品化系统的研制工作，并推出熔融挤压制造设备 MEM 250 等。

1. 熔融沉积快速成型工艺的基本原理

熔融沉积又叫熔丝沉积，它是将丝状的热熔性材料加热熔化，通过带有一个微细喷嘴的喷头挤喷出来，如果热熔性材料的温度始终稍高于固化温度，而成型部分的温度稍低于固化温度，就能保证热熔性材料挤喷出喷嘴后，随即与前一层面熔结在一起。一个层面沉积完成后，工作台按预定的增量下降一个层的厚度，再继续熔喷沉积，直至完成整个实体造型，如图 4-11 所示。

将实心丝材原材料缠绕在供料辊上，由电动机驱动辊子旋转，辊子和丝材之间的摩擦力使丝材向喷头的出口送进。在供料辊与喷头之间有一导向套，导向套采用低摩擦材料制成，以便丝材能顺利、准确地由供料辊送到喷头的内腔。喷头的前端有电阻丝式加热器，在其作用下，丝材被加热熔融，然后通过出口涂覆至工作台上，并在冷却后形成制件。

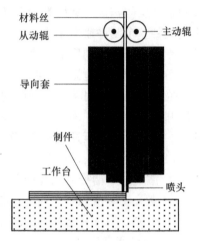

图 4-11　熔融沉积快速成型
技术原理图

熔融沉积快速成型工艺在原型制作时需要同时制作支撑，为了节省材料成本和提高沉积效率，新型 FDM 设备采用了双喷头。一个喷头用于沉积模型材料，一个喷头用于沉积支撑材料。双喷头的优点除了沉积过程中具有较高的沉积效率和降低模型制作成本以外，还可以灵活地选择具有特殊性能的支撑材料，以便于后处理过程中支撑材料的去除，如水溶材料、低于模型材料熔点的热熔材料等。

熔融沉积成型工艺的主要特点如下：

1）优点：

◎ 系统构造和原理简单，运行维护费用低（无激光器）；

◎ 原材料无毒，适宜在办公环境安装使用；

◎ 用蜡成形的零件原型，可以直接用于失蜡铸造；

◎ 可以成型任意复杂程度的零件；

◎ 无化学变化，制件的翘曲变形小；

◎ 原材料利用率高，且材料寿命长；

◎ 支撑去除简单，无需化学清洗，分离容易；

◎ 可直接制作彩色原型。

2）缺点：

◎ 成型件表面有较明显条纹；

◎ 沿成型轴垂直方向的强度比较弱；

◎ 需要设计与制作支撑结构；

◎ 原材料价格昂贵；

◎ 需要对整个截面进行扫描涂覆，成形时间较长。

2. 熔融沉积快速成型材料

熔融沉积快速成型制造技术的关键在于热融喷头，喷头温度的控制要求使材料挤出时既保持一定的形状又有良好的黏结性能。除了热熔喷头以外，成型材料的相关特性（如材料的黏度、熔融温度、黏结性以及收缩率等）也是该工艺应用过程中的关键。

熔融沉积工艺使用的材料分为两部分：一类是成型材料，另一类是支撑材料。

（1）熔融沉积快速成型工艺对原型材料的要求

1）材料的黏度：材料的黏度低、流动性好，阻力就小，有助于材料顺利挤出。材料的流动性差，需要很大的送丝压力才能挤出，会增加喷头的起停响应时间，从而影响成型精度。

2）材料熔融温度：熔融温度低可以使材料在较低温度下挤出，有利于提高喷头和整个机械系统的寿命。可以减少材料在挤出前后的温差，减少热应力，从而提高原型的精度。

3）材料的黏结性：FDM 工艺是基于分层制造的一种工艺，层与层之间往往是零件强度最薄弱的地方，黏结性好坏决定了零件成型以后的强度。黏结性过低，有时在成型过程中因热应力会造成层与层之间的开裂。

4）材料的收缩率：由于挤出时，喷头内部需要保持一定的压力才能将材料顺利挤出，挤出后材料丝一般会发生一定程度的膨胀。如果材料收缩率对压力比较敏感，会造成喷头挤出的材料丝直径与喷嘴的名义直径相差太大，影响材料的成型精度。FDM 成型材料的收缩率对温度不能太敏感，否则会产生零件翘曲、开裂。

由以上材料特性对 FDM 工艺实施的影响来看，FDM 工艺对成型材料的要求是熔融温度低、黏度低、黏结性好、收缩率小。

（2）熔融沉积快速成型工艺对支撑材料的要求

1）能承受一定高温度。由于支撑材料要与成型材料在支撑面上接触，所以支撑材料必须能够承受成型材料的高温，在此温度下不产生分解与融化。

2）与成型材料不浸润，便于后处理。支撑材料是加工中采取的辅助手段，在加工完毕后必须去除，所以支撑材料与成型材料的亲和性不应太好。

3）具有水溶性或者酸溶性。对于具有很复杂的内腔、孔等原型，为了便于后处理，可通过支撑材料在某种液体里溶解而去支撑。由于现在 FDM 使用的成型材料一般是 ABS 工程塑料，该材料一般可以溶解在有机溶剂中，所以不能使用有机溶剂。目前已开发出水溶性支撑材料。

4）具有较低的熔融温度。具有较低的熔融温度可以使材料在较低的温度挤出，提高喷头的使用寿命。

5）流动性要好。由于支撑材料的成型精度要求不高，为了提高机器的扫描速度，要求支撑材料具有很好的流动性，相对而言，对于黏性可以差一些。

FDM 工艺对支撑材料的要求是能够承受一定的高温、与成型材料不浸润、具有水溶性或者酸溶性、具有较低的熔融温度、流动性要特别好等。

3. 熔融沉积快速成型设备

供应熔丝沉积制造设备工艺的单位主要有美国的 Stratasys 公司、3D Systems 公司、Med-Modeler 公司以及国内的清华大学等。Stratasys 公司的 FDM 技术在国际市场上所占比例最大。

3D Systems 公司自推出光固化快速成型系统及选择性激光烧结系统后，又推出了熔融沉积式的小型三维成型机 Invision 3-D Modeler 系列，如图 4-12 所示。该系列机型采用多喷头结构，成型速度快，材料具有多种颜色，采用溶解性支撑，原型稳定性能好，成型过程中无噪声。

4. 熔融沉积快速成型工艺过程

熔融沉积快速成型和其他几种快速成型工艺过程类似，工艺过程也可以分为前处理、成型及后处理三个阶段。

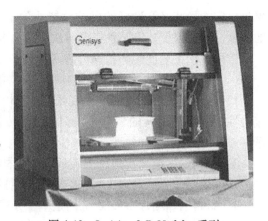

图4-12　Invision 3-D Modeler 系列

1）前处理主要是 CAD 数字建模、载入模型，即导入 STL 文件（Aurora 的使用）、STL 文件校验与修复、确定摆放方位、确定分层参数和存储分层文件。

2）成型过程的主要设备操作流程如下：

◎ 打开快速成型机，连接设备；

◎ 检查工作台上是否有未取下的零件或障碍物；

◎ 系统初始化：x、y、z 轴归零；

◎ 成型室预热：按下温控、散热按钮；

◎ 调试：检查运动系统及吐丝是否正常；

◎ 对高：将喷头调至与工作台间距 0.3mm 处；

◎ 打印模型：注意开始时观察支撑黏接情况；

◎ 成型结束，取出模型，清理成型室。

3）后处理：去除支撑、打磨。

5. 熔融沉积快速成型工艺因素分析

（1）材料性能的影响　凝固过程中，由材料的收缩而产生的应力变形会影响成形件精度，包括热收缩和分子取向的收缩。

措施：①改进材料的配方；②设计时考虑收缩量进行尺寸补偿。

（2）喷头温度和成型室温度的影响　喷头温度决定了材料的黏结性能、堆积性能、丝材流量以及挤出丝宽度。成型室的温度会影响到成形件的热应力大小。

措施：①喷头温度应根据丝材的性质在一定范围内选择，以保证挤出的丝呈熔融流动状态；②一般将成型室的温度设定为比挤出丝的熔点温度低 1~2℃。

（3）填充速度与挤出速度的交互影响　单位时间内挤出丝体积与挤出速度成正比，当填充速度一定时，随着挤出速度增大，挤出丝的截面宽度逐渐增加，当挤出速度增大到一定值，挤出的丝黏附于喷嘴外圆锥面，就不能正常加工。若填充速度比挤出速度快，则材料填充不足，出现断丝现象，难以成型。

措施：挤出速度应与填充速度相匹配。

（4）分层厚度的影响　一般来说，分层厚度越小，实体表面产生的台阶越小，表面质量也越高，但所需的分层处理和成型时间会变长，降低了加工效率。相反，分层厚度越大，实体表面产生的台阶也就越大，表面质量越差，不过加工效率则相对较高。

措施：兼顾效率和精度确定分层厚度，必要时可通过打磨提高表面质量与精度。

（5）成型时间的影响　每层的成型时间与填充速度、该层的面积大小及形状的复杂度有关。若层的面积小，形状简单，填充速度快，则该层成型的时间就短；相反，时间就长。

措施：加工时控制好喷嘴的工作温度和每层的成型时间，以获得精度较高的成型件。

（6）扫描方式的影响　FDM 扫描方式有多种，有螺旋扫描、偏置扫描及回转扫描等。

措施：可采用复合扫描方式，即外部轮廓用偏执扫描，而内部区域填充用回转扫描，这样既可以提高表面精度，也可简化扫描过程，提高扫描效率。

4.2.4　薄材叠层制造成型技术

叠层实体制造技术（Laminated Object Manufacturing，LOM）是几种最成熟的快速成型制造技术之一。这种制造方法和设备自 1991 年问世以来，得到迅速发展。由于叠层实体制造技术多使用纸材，成本低廉，制件精度高，而且制造出来的木质原型具有外在的美感性和一些特殊的品质，因此受到了较为广泛的关注，在产品概念设计可视化、造型设计评估、装配检验、熔模铸造型芯、砂型铸造木模、快速制模母模以及直接制模等方面得到了迅速应用。

1. 叠层实体快速成型工艺的基本原理

由计算机、材料存储及送进机构、热黏压机构、激光切割系统、可升降工作台和数控系统和机架等组成。首先在工作台上制作基底，工作台下降，送纸滚筒送进一个步距的纸材，工作台回升，热压滚筒滚压背面涂有热熔胶的纸材，将当前叠层与原来制作好的叠层或基底粘贴在一起，切片软件根据模型当前层面的轮廓控制激光器进行层面切割，逐层制作，当全部叠层制作完毕后，再将多余废料去除，如图 4-13 所示。

在叠层实体快速成型机上，由于所需的工件被废料小方格包围，剔除这些小方格之后，得到截面轮廓被切割和叠合后所成的制品。

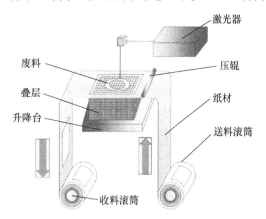

图 4-13　叠层实体快速成型工艺的基本原理

2. 叠层实体快速成型技术的特点

1）优点：

◎ 原材料价格便宜，原型制作成本低；

◎ 制件尺寸大；

◎ 无须后固化处理；

◎ 无须设计和制作支撑结构；

◎ 废料易剥离；

◎ 热物性与机械性能好，可实现切削加工；

◎ 精度高；

◎ 设备可靠性好，寿命长；

◎ 操作方便。

2）缺点：

◎ 不能直接制作塑料工件；

◎ 工件的抗拉强度和弹性不够好；

◎ 工件易吸湿膨胀；

◎ 工件表面有台阶纹，需打磨。

3. 叠层实体快速成型材料

LOM 工艺中的成型材料涉及三个方面的问题，即薄层材料、黏结剂和涂布工艺。薄层材料可分为纸、塑料薄膜、金属箔等。黏结剂为热溶胶。纸材料的选取、热熔胶的配置及涂布工艺均要从保证最终成型零件的质量出发，同时要考虑成本。对于 LOM 纸材的性能，要求厚度均匀、具有足够的抗拉强度以及黏结剂有较好的润湿性、涂挂性和黏结性等。

（1）纸的性能　对于 LOM 成型材料的纸材，有以下要求：

1）抗湿性。保证纸原料（卷轴纸）不会因时间长而吸水，从而保证热压过程中不会因水分的损失而产生变形及黏接不牢。纸的施胶度可用来表示纸张抗水能力的大小。

2）良好的浸润性。保证良好的涂胶性能。

3）抗拉强度。保证在加工过程中不被拉断。

4）收缩率小。保证热压过程中不会因部分水分损失而导致变形，可用纸的伸缩率参数计量。

5）剥离性能好。因剥离时破坏发生在纸张内，要求纸的垂直方向抗拉强度不是很大。

6）易打磨，表面光滑。

7）稳定性。成型零件可长时间保存。

（2）热熔胶　叠层实体制造中的成型材料多为涂有热熔胶的纸材，层与层之间的粘接是靠热熔胶保证的。热熔胶的种类很多，其中 EVA（乙烯-醋酸乙烯酯共聚物）型热熔胶的需求量最大，占热熔胶消费总量的 20% 左右。当然在热熔胶中还要添加某些特殊的组分。

LOM 纸材对热熔胶的基本要求为：

1）良好的热熔冷固性（约 70～100℃ 开始熔化，室温下固化）。

2）在反复"熔融—固化"条件下，具有较好的物理化学稳定性。

3）熔融状态下与纸具有较好的涂挂性和涂匀性。

4）与纸具有足够黏接强度。

5）良好的废料分离性能。

EVA 型热熔胶主要成分为：EVA，松香甘油酯，石蜡等。

（3）涂布工艺

涂布工艺包括涂布形状和涂布厚度两个方面。涂布形状指的是采用均匀式涂布还是非均匀涂布，非均匀涂布又有多种形状。均匀式涂布采用狭缝式刮板进行涂布。非均匀涂布有条纹式和颗粒式。一般来讲，非均匀涂布可以减小应力集中，但涂布设备比较贵。涂布厚度指的是在纸材上涂多厚的胶。选择涂布厚度的原则是在保证可靠黏接的情况下，尽可能涂得薄，以减少变形、溢胶和错移。

4. 叠层实体快速成型制造设备

叠层实体快速成型制造设备由美国 Helisys 公司的 Michael Feygin 于 1986 年研发成功，该公司推出了 LOM-1050 和 LOM-2030 两种型号的成型机，其中 LOM-2030 机型如图 4-14 所示。除了美国 Helisys 公司以外，还有日本 Kira 公司、瑞典 Sparx 公司、新加坡 Kinersys 精技私人公司、清华大学、华中科技大学等研发的产品，见表 4-3。华中科技大学的 HRP 系列薄材叠层快速成型机如图 4-15 所示。

图 4-14　Helisys 公司的 LOM-2030 机型

图 4-15　HRP 系列薄材叠层快速成型机

表 4-3　薄材叠层快速成型机

型号	研制单位	加工尺寸/mm	精度/mm	层厚/mm	激光光源	扫描速度/$m \cdot s^{-1}$	外形尺寸/mm
HRP-ⅡB	华中科技大学	450×450×350			50W CO_2		1470×1100×1250
HRP-ⅢA		600×400×500		0.02	50W CO_2		1570×1100×1700
HRP-Ⅳ		800×500×500			50W CO_2		2000×1400×1500
LOM 1015	Helisys（美国）	380×250×350	0.254	0.4318	25WCO_2		
LOM 2030		815×550×508	0.254	0.4318	50W CO_2		1120×1020×1140
SD300	Solidimen（以色列）	160×210×135	0.2~0.3	0.165			45×725×415
PLT-A4	Kira（日本）	280×190×200	0.051				840×800×1200
PLA-A3		400×280×300	0.051				1150×800×1220
Ⅰ	Kinergy（新加坡）	380×280×340	0.1		CO_2		1730×1000×1580
Ⅱ		1180×730×550	0.1		CO_2		2570×1860×2000
Ⅲ		750×5000×450	0.1		CO_2		2100×1500×1800
SSM-500	清华大学	600×400×500	0.1		40W CO_2	0~0.5	
SSM-1600		1600×800×700	0.15		50W CO_2	0~0.5	

5. 叠层实体快速成型的工艺过程

前处理：STL 文件+切片处理。

分层叠加：设置工艺参数（激光切割速度+加热辊温度+切片软件精度+切碎网格尺寸)+基底制作+原型制作。

后处理：余料去除+表面质量处理+提高强硬度处理。

6. 提高叠层实体成型制作质量的措施

（1）叠层实体原型制作误差分析　叠层实体原型制作主要是五个方面造成的误差，分别是：

◎ CAD 模型 STL 文件输出造成的误差；

◎ 切片软件 STL 文件输入设置造成的误差；

◎ 成型过程误差；

◎ 设备精度误差;

◎ 成型之后环境变化引起误差。

(2) 提高叠层实体原型制作精度的措施 在进行 STL 转换时,可以根据零件形状的复杂程度来定。在保证成型件形状完整平滑的前提下,尽量避免过高的精度。不同的 CAD 软件所用的精度范围也不一样,例如 Pro/E NGINEER 所选用的范围是 0.01~0.05mm,NX 所选用的范围是 0.02~0.08mm,如果零件细小结构较多,可将转换精度设高一些。STL 文件输出精度的取值应与相对应的原型制作设备上切片软件的精度相匹配。过大会使切割速度严重减慢,过小会引起轮廓切割的严重失真。模型的成型方向会对工件品质(尺寸精度、表面粗糙度、强度等)、材料成本和制作时间产生很大的影响。应该将精度要求较高的轮廓(例如有较高配合精度要求的圆柱、圆孔),尽可能放置在 x-y 平面。为提高成型效率,在保证易剥离废料的前提下,应尽可能减小网格线长度,可以根据不同的零件形状来设定。当原型形状比较简单时,可以将网格尺寸设大一些,提高成型效率;当形状复杂或零件内部有废料时,可以采用变网格尺寸的方法进行设定,即在零件外部采用大网格划分,零件内部采用小网格划分。热熔变形控制:采用新的材料和新的涂胶方法;改进后处理方法;根据制件的热变形规律预先对 CAD 模型进行反变形修正。原型制作后的处理措施:加压下冷却叠层块;充分冷却后剥离;及时进行表面处理(涂覆增强剂如强力胶、环氧树脂漆或聚氨酯漆等,有助于增加制件的强度和防潮效果)。

7. 叠层实体制造工艺后处理中的表面涂覆

(1) 表面涂覆的必要性

LOM 原型经过余料去除后,为了提高原型的性能和便于表面打磨,经常需要对原型进行表面涂覆处理,表面涂覆的好处有:

◎ 提高强度;

◎ 提高耐热性;

◎ 改进抗湿性;

◎ 延长原型的寿命;

◎ 易于表面打磨等处理;

◎ 经涂覆处理后,原型可更好地用于装配和功能检验。

纸材的最显著缺点是对湿度极其敏感,LOM 原型吸湿后叠层方向尺寸增加,严重时叠层会相互之间脱离。为避免因吸湿而引起的这些后果,在原型剥离后短期内应迅速进行密封处理。表面涂覆可以实现良好的密封,而且可同时提高原型的强度和抗热抗湿性。

(2) 表面涂覆的工艺过程

1) 将剥离后的原型表面用砂纸轻轻打磨。

2) 按规定比例配备涂覆材料(如双组份环氧树脂的重量比:100 份 TCC-630 配 20 份 TCC-115N 硬化剂),并混合均匀。

3) 在原型上涂刷一薄层混合后的材料,因材料的黏度较低,材料会很容易浸入纸基的原型中,浸入的深度可达到 1.2~1.5mm。

4) 再次涂覆同样的混合后的环氧树脂材料以填充表面的沟痕并长时间固化。

5) 对表面已经涂覆了坚硬的环氧树脂材料的原型再次用砂纸进行打磨,打磨之前和打磨过程中应注意测量原型的尺寸,以确保原型尺寸在要求的公差范围之内。

6）对原型表面进行抛光，达到无划痕的表面质量之后进行透明涂层的喷涂，以增加表面的外观效果。

通过上述表面涂覆处理后，原型的强度和耐热防湿性能得到了显著提高，将处理完毕的原型浸入水中，进行尺寸稳定性的检测。

4.3　3D 打印过程

快速成型的制作需要前端的 CAD 数字模型来支持，也就是说，所有的快速成型制造方法都是由 CAD 数字模型来直接驱动的。来源于 CAD 的数字模型必须处理成快速成型系统所能接受的数据格式，而且在原型制作之前或制作过程中还需要进行叠层方向的切片处理。此外，样件反求以及来源于 CT 等的医学模型等的数据都需要转换成 CAD 模型或直接转换成 RP 系统可以接收的数据。因此，在快速成型技术实施之前以及原型制作过程中需要进行大量的数据准备和处理工作，数据的充分准备和有效的处理决定着原型制作的效率、质量和精度。因此，在整个快速成型技术的实施过程中，数据的准备是必需的，数据的处理是十分必要和重要的。

目前，基于数字化的产品快速设计有两种主要途径：一种是根据产品的要求或直接根据二维图纸在 CAD 软件平台上设计产品三维模型，常被称为概念设计；另一种是在仿制产品时用扫描机对已有的产品实体进行扫描，得到三维模型，常被称为反求工程，如图 4-16 所示。

随着计算机硬件的迅猛发展，许多原来基于计算机工作站开发的大型 CAD/CAM 系统已经移植于个人计算机上，也反过来促进了 CAD/CAM 软件的普及。

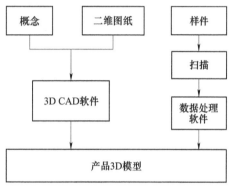

图 4-16　产品快速设计途径

新产品开发过程中的另一条重要路线就是样件的反求。反求工程技术（Reverse Engineering，RE）又称逆向工程技术，是 20 世纪 80 年代末期发展起来的一项先进制造技术，是以产品及设备的实物、软件（图纸、程序及技术文件等）或影像（图片、照片等）等作为研究对象，反求出初始的设计意图，包括形状、材料、工艺、强度等诸多方面。简单地说，反求就是对存在的实物模型或零件进行测量并根据测量数据重构出实物的 CAD 模型，进而对实物进行分析、修改、检验和制造的过程。反求工程主要用于已有零件的复制、损坏或磨损零件的还原、模型精度的提高及数字化模型检测等。

4.3.1　构建 3D 模型

目前产品设计已经大面积地直接采用计算机辅助设计软件来构造产品三维模型，也就是说，产品的现代设计已基本摆脱传统的图纸描述方式，而直接在三维造型软件平台上进行。目前，几乎尽善尽美的商品化 CAD/CAM 一体化软件为产品造型提供了强大的空间，使设计者的概念设计能够随心所欲，且特征修改也十分方便。目前，应用较多的具有三维造型功能的 CAD/CAM 软件主要有 Unigraphics、Pro/ENGINEER、CATIA、Cimatron、Delcam、Solidedge、MDT 等。

随着计算机硬件的迅猛发展，许多原来基于计算机工作站开发的大型 CAD/CAM 系统已经移植于个人计算机上，也反过来促进了 CAD/CAM 软件的普及，国内外部分通用的 CAD/CAM 系统见表 4-4。

表 4-4　国内外部分通用的 CAD/CAM 系统

软件名称	开发公司	国　别
Pro/ENGINEER	Parametric Technology Co.	美国
Unigraphics	Unigraphics Solutions Co.	美国
CATIA	Dassault Systems Co.	法国
Cimatron	Cimatron Co.	以色列
I—DEAS	Structural Dynamics Research Co.	美国
CADDS5	Computervision Co.	美国
DUCT	Delcam Co.	英国
CADAM	Dassault Co.	法国
MDT	Autodesk Co.	美国
SPACE—E	日立造船情报系统株式会社	日本

4.3.2　打印模型的数据处理

快速成型制造设备目前能够接受诸如 STL、SLC、CLI、RPI、LEAF、SIF 等多种数据格式。其中由美国 3D Systems 公司开发的 STL 文件格式可以被大多数快速成型机所接受，因此被工业界认为是目前快速成型数据的准标准，几乎所有类型的快速成型制造系统都采用 STL 数据格式。

STL 文件的主要优势在于表达简单清晰，文件中只包含相互衔接的三角形面节点坐标及其外法矢。STL 数据格式的实质是用许多细小的空间三角形面来逼近还原 CAD 实体模型，这类似于实体数据模型的表面有限元网格划分。STL 模型的数据是通过给出三角形法向量的三个分量及三角形的三个顶点坐标来实现的。STL 文件记载了组成 STL 实体模型的所有三角形面，它有二进制（BINARY）和文本文件（ASCII 码）两种形式。

STL 文件的数据格式是采用小三角形来近似逼近三维实体模型的外表面，小三角形数量的多少直接影响着近似逼近的精度。显然，精度要求越高，选取的三角形应该越多。但是，就本身面向快速成型制造所要求的 CAD 模型的 STL 文件，过高的精度要求也是不必要的。因为过高的精度要求可能会超出快速成型制造系统所能达到的精度指标，而且三角形数量的增多会引起计算机存储容量的加大，同时带来切片处理时间的显著增加，有时截面的轮廓会产生许多小线段，不利于激光头的扫描运动，导致低的生产效率和表面不光洁。所以，从 CAD/CAM 软件输出 STL 文件时，选取的精度指标和控制参数应该根据 CAD 模型的复杂程度以及快速原型精度要求的高低进行综合考虑。

不同的 CAD/CAM 系统输出 STL 格式文件的精度控制参数是不一致的，但最终反映 STL 文件逼近 CAD 模型的精度指标，表面上是小三角形的数量，实质上是三角形平面逼近曲面时的弦差的大小。弦差指的是近似三角形的轮廓边与曲面之间的径向距离。从本质上看，用有限的小三角面的组合来逼近 CAD 模型表面，是原始模型的一阶近似，它不包含邻接关系信息，不可能完全表达原始设计的意图，离真正的表面有一定的距离，而在边界上有凸凹现象，所以无法避免误差。

下面以具有典型形状的圆柱体和球体为例，说明选取不同三角形个数时的近似误差。从弦差、表面积误差以及体积误差的本身对比和两者之间的对比可以看出：随着三角形数目的增多，同一模型采用 STL 格式逼近的精度会显著地提高；而不同形状特征的 CAD 模型，在相同的精度要求条件下，最终生成的三角形数目的差异很大。

1. STL 文件的纠错处理

（1）STL 文件的基本规则

1）取向规则。STL 文件中的每个小三角形面都是由三条边组成的，而且具有方向性。三条边按逆时针顺序由右手定则确定面的法矢指向所描述的实体表面的外侧。相邻的三角形的取向不应出现矛盾，如图 4-17 所示。

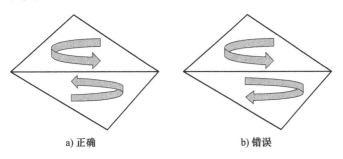

a) 正确　　　　　　　　　b) 错误

图 4-17　取向规则

2）点点规则。每个三角形必须也只能跟与它相邻的三角形共享两个点，也就是说，不可能有一个点会落在其旁边三角形的边上，如图 4-18 便示意了存在问题的点。

因为每一个合理的实体面至少应有 1.5 条边，因此下面的三个约束条件在正确的 STL 文件中应该得到满足：①面必须是偶数的；②边必须是 3 的倍数；③2×边 = 3×面。

图 4-18　点点规则

3）取值规则。STL 文件中所有的顶点坐标必须是正的，零和负数是错的。然而，目前几乎所有的 CAD/CAM 软件都允许在任意的空间位置生成 STL 文件，唯有 AutoCAD 软件还要求必须遵守这个规则。

STL 文件不包含任何刻度信息，坐标的单位是随意的。很多快速成型前处理软件是以实体反映出来的绝对尺寸值来确定尺寸的单位。STL 文件中的小三角形通常是以 z 增大的方向排列的，以便于切片软件的快速解算。

4）合法实体规则。STL 文件不得违反合法实体规则，即在三维模型的所有表面上，必须布满小三角形平面，不得有任何遗漏（即不能有裂缝或孔洞），不能有厚度为零的区域，外表面不能从其本身穿过等。

（2）常见的 STL 文件错误　像其他的 CAD/CAM 常用的交换数据一样，STL 也经常出现数据错误和格式错误，其中最常见的错误如下：

1）遗漏。尽管在 STL 数据文件标准中没有特别指明所有的 STL 数据文件所包含的面必

须构成一个或多个合理的法定实体,但是正确的 STL 文件所含有的点、边、面和构成的实体数量必须满足如下的欧拉公式:

$$F - E + V = 2 - 2H \tag{4-1}$$

式中,F(Face)、E(Edge)、V(Vertix)、H(Hole)分别指面数、边数、点数和实体中穿透的孔洞数。

2)退化面。退化的面是 STL 文件中另一个常见的错误。它不像上面所说的错误一样,它不会造成快速成型加工过程的失败。这种错误主要包括两种类型:①点共线;②点重合。

3)模型错误。这种错误不是在 STL 文件转换过程中形成的,而是由于 CAD/CAM 系统中原始模型的错误引起的,这种错误将在快速成型制造过程中表现出来。

4)错误法矢面。进行 STL 格式转换时,会因未按正确的顺序排列构成三角形的顶点而导致计算所得法矢的方向相反。为了判断是否错误,可将怀疑有错的三角形的法矢方向与相邻的一些三角形的法矢加以比较。

(3)STL 文件浏览和编辑 由于 STL 文件在生成过程中以及原有的 CAD 模型等原因经常会出现一些错误,因此,为保证有效地进行快速原型的制作,对 STL 文件进行浏览和编辑处理是十分必要的。目前,已有多种用于观察和编辑(修改)STL 格式文件及与 RP 数据处理直接相关的专用软件,见表 4-5。

表 4-5 专用软件

软件名称	开发商	网址	输入数据接口	输出数据接口	操作系统
3D view 3.0	Actify Inc.	www.actify.com	IGES, STL, VDA_FS, VRML, CATIA…	VRML	Windows
RP Workbench	BIBA	www.biba.unibremen.de	VDA-FS, STL, DXF, CLI, SLC	STL, DXF, VRML, CLI, SLC, HPGL	Windows
Rapid Tools	DeskArtes Oy	www.deskartes.fi	STL, VDA-FS, IGES	STL, VDA-FS, IGES, CLI, SLI	Windows, UNIX
Rapid Prototyping Module	Imageware corp.	www.iware.com	IGES, STL, DXF, VDA-FS, VRML, SLC	IGES, STL, DXF, VDA-FS, VRML, SLC	Windows, UNIX
Magics RP	Materislise N.V.	www.materialize.com	STL, DXF, optional, VDA, IGES	STL, DXF, VRML, SLC, SSL, CLI, SLI	Windows
SolidView RP Master	Solid Concepts Inc.	www.solidconcepts.com	IGES, VDA-FS, STL, VRML, 3DS, DXF	IGES, VDA-FS, STL, VRML, 3DS, DXF	Windows
Rapid View	View Tec AG	www.viewtec.ch	STL, TDF, DXF, 3DS, VRML	STL, TDF, DXF, 3DS, VRML	Windows, UNIX

(4)STL 文件的输出 当 CAD 模型在一个 CAD/CAM 系统中完成之后,在进行快速原型制作之前,需要进行 STL 文件的输出。目前,几乎所有的商业化 CAD/CAM 系统都有 STL 文件的输出数据接口,而且操作和控制也十分方便。在 STL 文件输出过程中,根据模型的复杂程度和所要求的精度指标,可以选择 STL 文件的输出精度。下面以 NX 软件为例,示意 STL 文件的输出过程及精度指标的控制。

1)选择 File 菜单中的 Export 命令,在其下拉菜单中选择 Rapid-Prototyping 操作。

2)出现对话框后,可以选择输出格式(Binary,ASCII 码)、角度公差及拼接公差。也可以选择系统默认值，单击 OK 完成。这时系统会提示输入 STL 头文件信息，头文件信息可以不添加，直接单击 OK 完成。

3）然后，用鼠标左键选择要输出的实体，这时被选择的实体会改变颜色以示选中，单击 OK 完成。

 思考题与习题

4-1　简述光固化快速成型的原理。

4-2　光固化快速成型的特点有哪些?

4-3　光固化材料的优点有哪些? 光固化树脂主要分为几大类?

4-4　简述叠层实体快速原型制造工艺的基本原理。

4-5　简述叠层实体快速原型制造工艺的特点。

4-6　当前开发出来的叠层实体快速成型材料主要有几种? 其中常用的是什么?

4-7　简述选择性激光烧结快速原型工艺的基本原理。

4-8　选择性激光烧结工艺的特点有哪些?

4-9　简述熔融沉积快速成型工艺的基本原理。

4-10　熔融沉积快速成型工艺的特点有哪些?

4-11　双喷头熔融沉积快速成型工艺的突出优势是什么?

第 5 章

柔性制造技术

20世纪60年代以前，刚性自动化生产系统或生产线已有长足的进步，对于大批量生产具有效率高、成本低、质量好、程序固定等优点，对生产水平的提高起到了很大的作用。然而，面对日益增长的用户需求多样化、个性化的市场，这种刚性系统越来越暴露出其内在缺陷，即产品转产或换型后原生产工艺装备改造费用大、周期长、调整困难甚至无法调整。在市场牵引和技术推动下，20世纪60年代中期就出现了柔性制造的新理念和新模式，1967年英国莫林公司率先推出著名的"莫林系统-24"（Molins System-24）柔性制造系统。

5.1 概述

柔性制造（Flexible Manufacturing，FM）是指用可编程、多功能的数字控制设备替换刚性自动化设备；用易编程、易修改、易扩展、易更换的软件控制代替刚性联结的工序过程，使刚性生产线实现柔性化，以快速响应市场的需求，多快好省地完成多品种、中小批量的生产任务。需要特别指出的是，柔性制造中的柔性具有多种含义，除了加工柔性外，还包含设备柔性、工艺柔性、产品柔性、流程柔性、批量柔性、扩展柔性和生产柔性。柔性制造单元（Flexible Manufacturing Cell，FMC）是由一台或几台设备组成，在毛坯和工具储量保证的情况下，具有部分自动传送和监控管理功能，并具有一定的生产调度能力的、独立的自动加工单元。高档的FMC可实现24小时无人运转。FMC工件和物料装卸的方式：数控机床配上机械手，由机械手完成工件和物料的装卸；加工中心配上托盘交换系统，将加工工件装夹在托盘上，通过拖动托盘，可以实现加工工件的流水线式加工作业。柔性制造系统（Flexible Manufacture System，FMS）将FMC进行扩展，增加必要的加工中心数量，配备完善的物料和刀具运送管理系统，并通过一套中央控制系统，管理生产进度，对物料搬运和机床群的加工过程实行综合控制。FMS的基本构成框架如图5-1所示，基本由控制与管理、加工、物流三个子系统构成：

1）控制与管理系统可以实现在线数据的采集和处理、运行仿真和故障诊断等功能。

2）加工系统能实现自动加工多种工件、更换工件和刀具及工件的清洗和测试。

3）物流系统由工件流和刀具流组成，能满足变节拍生产的物料自动识别、存储、输送和交换的要求，并实现刀具的预调和管理等功能。

这三个子系统有机地结合，构成了FMS的能量流、物料流和信息流。自动流水线作业的物流设备和加工工艺相对固定，只能加工一个或相似的几个品种的零件，缺少灵活性，所

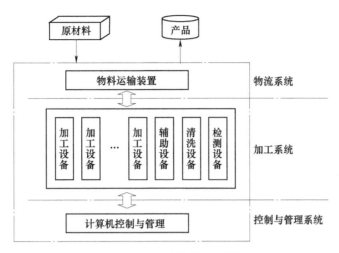

图 5-1　FMS 的基本构成框架

以也称为固定自动化或刚性自动化，适用于大批量、少品种的生产。单台数控机床的加工灵活性好，但相对于自动流水线来说生产效率低，制造成本高，适用于小批量、多品种生产。而柔性制造单元或柔性制造系统，综合了自动流水线和单台数控机床各自的优点，将几台数控与物料输送设备、刀具库等通过一个中央控制单元连接起来，形成既具有一定柔性又具有一定连续作业能力的加工系统，适用于中等批量、中等品种生产。

1. 柔性的特点

1) 柔性制造技术是从成组技术发展起来的，因此，柔性制造技术仍带有成组技术的烙印——零件三相似原则：形状相似、尺寸相似和工艺相似。这三相似原则就称为柔性制造技术的前提条件。凡符合三相似原则的多品种加工的柔性生产线，可以做到投资最省（使用设备最少，厂房面积最小）、生产效率最高（可以混流生产，无停机损失）、经济效益最好（成本最低）。

2) 品种中大批量生产时，虽然每个品种的批量相对来说是小的，多个小批量的总和也可构成大批量，因此柔性生产线几乎无停机损失，设计利用率高。

3) 柔性制造技术组合了当今机床技术、监控技术、检测技术、刀具技术、传输技术、电子技术和计算机技术的精华，具有高质量、高可靠性、高自动化和高效率。

4) 可缩短新产品的上市时间，转产快，适应瞬息万变的市场需求。

5) 可减少工厂内零件的库存，改善产品质量和降低产品成本。

6) 减少工人数量，减轻工人劳动强度。

2. FMS 的加工系统

（1）加工系统的构成　FMS 中的加工系统是实际完成加工任务，将工件从原材料转变为产品的执行装置。它主要由数控机床、加工中心等加工设备构成，带有工件清洗、在线检测等辅助设备。目前 FMS 的加工对象主要有棱柱体和回转体两类。

1) 加工棱柱体类工件：由立、卧式加工中心、数控组合机床和托盘交换器组成。

2) 加工回转体类工件：由数控车床、切削中心、数控组合机床、上下料机械手或机器人及棒料输送装置等构成。

（2）加工系统的配置　一般来说，为了适应不同的加工要求，增加 FMS 的适应性，FMS 最少应配备 4~6 台以上的数控加工设备。

1）配置原则

① 配置多功能数控机床、加工中心等，以便集中工序，减少工位数和物流负担，保证加工质量。

② 选用模块化结构、外部通信功能和内部管理功能强、内装可编程控制器含有用户宏程序的数控系统，以便连接上下料、检测等辅助设备并增加各种辅助功能等，保证控制功能强、可扩展性好。

③ 选用切削功能强、加工质量稳定、生产效率高的机床，采用高刚度、高精度、高速度的切削加工。

④ 节能降耗，导轨油可回收，排屑处理快速彻底以延长刀具使用寿命等，节省系统运行费用，经济性好。

⑤ 操作性好、可靠性好、维修性好，具有自保护和自维护性。能设定切削力过载保护、功率过载保护、运行行程和工作区域限制等，具有故障诊断和预警等功能。

⑥ 对环境适应性与保护性好。对工作环境的温度、湿度、噪声、粉尘等要求不高，各种密封件性能可靠无泄漏，切削液不外溅，能及时排除烟雾、异味。噪声振动小，能保护良好的工作环境。

2）配置方式：有并联、串联、混合三种方式。

5.1.1　FMS 中的物流管理

1. 工件流支持系统

工件在柔性制造系统中的流动，是输送和存储两种功能的结合，包括夹具系统、工件输送系统、自动化仓库及工件装卸工作站。

1）夹具系统。在柔性制造系统中的加工对象多为小批量多品种的产品，采用专用夹具会降低系统的柔性。因此，多采用组合夹具、可调整夹具、数控夹具或托盘等装夹方式。

2）工件输送系统。工件输送系统决定 FMS 的布局和运行方式，一般有直线输送、机器人输送、环型输送等方式。

3）自动化仓库。FMS 中输送线本身的储存能力一般较小，当需加工的工件较多时，大多设立自动化仓库，可细分成平面自动化仓库和立体自动化仓库两种。平面自动化仓库主要应用于大型工件的存储。立体自动化仓库是通过计算机和控制系统将搬运、存取、储存等功能集于一体的新型自动化仓库。某自动化仓储系统如图 5-2 所示。根据不同的立体仓库使用要求，需配置多种形式堆垛机，如图 5-3 所示。

4）工件装卸工作站。工件装卸工作站主要有毛坯入库工作站和成品出库工作站两种。入库工作站位于 FMS 物料输入的开始部位。出库工作站位于 FMS 的物料输出部分。

图 5-2　某自动化仓储系统

2. 刀具流支持系统

刀具流支持系统主要由中央刀具库、刀具室、刀具装卸站、刀具交换装置及刀具管理系统几部分组成。FMS 刀具流支持系统如图 5-4 所示。

图 5-3　堆垛机

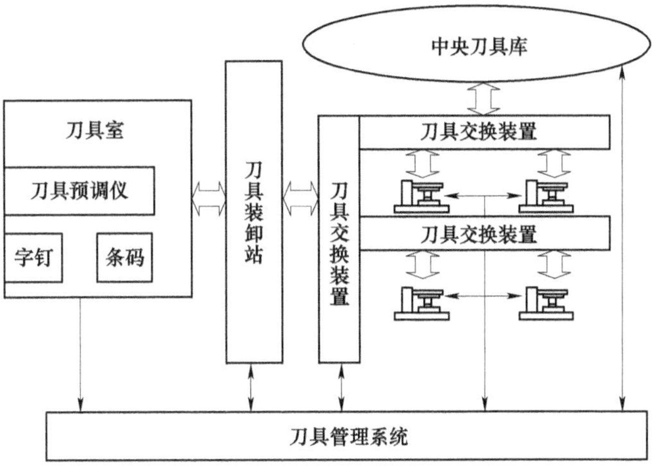

图 5-4　FMS 刀具流支持系统

1）中央刀具库是刀具系统的暂存区，它集中储存 FMS 的各种刀具，并按一定位置放置。中央刀具库通过换刀机器人或刀具传输小车为若干加工单元进行换刀服务。不同的加工单元可以共享中央刀具库的资源，提高系统的柔性程度。

2）刀具室是进行刀具预调及刀具装卸的区域，刀具进入 FMS 以前，应先在刀具预调（也称对刀仪）上测出其主要参数，安装刀套，打印钢号或贴条形码标签，并进行刀具登记。然后将刀具挂到刀具装卸站的适当位置，通过刀具装卸站进入 FMS。

3）刀具装卸站负责刀具进入或退出 FMS，或 FMS 内部刀具的调度，其结构多为框架式，装卸站的主要指标有：刀具容量、可挂刀具的最大长度、可挂刀具的最大直径、可挂刀具的最大重量。为了保证机器人可靠地取刀和送刀，还应该对刀具在装卸站上的定位精度进行一定的技术要求。

4）刀具交换装置一般是指换刀机器人或刀具输送小车，它们完成刀具装卸站与中央刀库或中央刀库与加工机床之间的刀具交换。刀具交换装置按运行轨道的不同，可分为有轨和无轨的。实际系统多采用有轨装置，价格较低，且安全可靠。无轨装置一般要配有视觉系统，其灵活性大，但技术难度大、造价高，安全性还有待提高。

5）刀具管理系统主要包括：刀具存储、运输和交换、刀具状况监控、刀具信息处理等。现在刀具管理系统的软件系统一般由刀具数据库和刀具专家系统组成。

3. 输送设备

输送设备主要有输送机、输送小车和工业机器人等。

1）输送机具有连续输送和单位时间输送量大的特点，常应用于环路型布局的 FMS 中，其结构形式有滚子输送机、链式输送机和直线电动机输送机。

2）输送小车是一种无人驾驶的自动搬运设备，分有轨小车和无轨小车两种类型。有轨小车由平行导向钢轨和在其上行走的小车组成，它利用定位槽销等机械结构控制小车的准确停靠，其定位精度可高达 0.1mm。有轨小车 AGV 如图 5-5 所示。无轨小车没有导向的钢轨，小车直接在地面上行走，其制导方式主要有磁性、光学、电磁、激光、扫描制导等。

3）工业机器人是一种可编程的多功能操作手，用于物料、工件和工具的搬运，通过程序编程完成多种任务，由机器人本体、执行机构、传感器和控制系统等构成。

图 5-5　有轨小车 AGV

5.1.2　FMS 中的信息流管理

1. FMS 信息流结构

FMS 信息流结构如图 5-6 所示。信息流子系统是 FMS 的核心组成部分，它完成 FMS 加工过程中系统运行状态的在线监测、数据采集、处理、分析等任务，控制整个 FMS 的正常运行。信息流子系统的核心是分布式数据库管理和控制系统，按功能可分为四个层次。

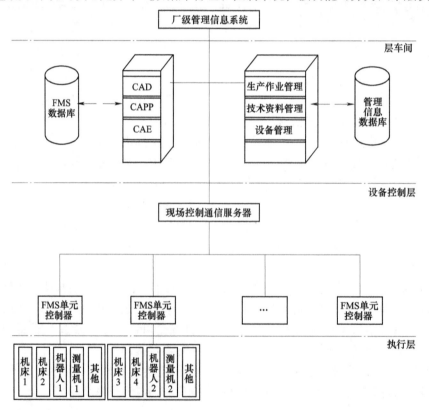

图 5-6　FMS 信息流结构

1）厂级信息管理：指总厂的生产调度、年度计划等信息。

2）车间层：它一般包括两个信息单元，即设计单元和管理单元。设计单元主要控制产品设计、工艺设计、仿真分析等设计信息的流向。管理单元管理车间级的产品信息和设备信息，包括作业计划、工具管理、在制品（包括半成品、毛坯）管理、技术资料管理等。

3）设备控制单元层：为设备控制级，它包括对现场生产设备、辅助工具以及现场物流状态的各种控制设备。

4）执行层：各种现场生产设备，主要是加工中心或数控机床在设备控制单元的控制下完成规定的生产任务，并通过传感器采集现场数据和工况以便进行加工过程的监测和管理。

2. FMS 信息流特征

FMS 信息流特征按 FMS 所管理的信息范围和控制对象，可分为以下五类。

1）刀具信息：包括刀具的参数，使用状况，安装形式，刀具损坏原因，刀具处理情况，刀具使用频率统计和归属机床等。

2）机床状态信息：包括机床是否处于工作状况，机床的工况，机床故障发生情况，机床故障排除情况，机床加工参数等。

3）运行状态信息：包括小车的工况，托盘的工况，中央刀库刀具所处状态（空闲或正在某机床上工作），工件的位置，测量站工况，机器人工况，清洗站工况等。

4）在线检测信息：主要指所加工产品的合格情况，不合格产品应进行报废或返工的处理等。三坐标测量机是测量和获得尺寸数据最有效的方法之一，如图 5-7 所示。

5）系统安全信息：包括供电系统的安全情况，系统本身的安全情况，系统工作环境的安全情况（如环境温度、湿度等），系统工作设备的安全信息（如小车保证不会相互碰撞、刀具安装可靠）以及工作人员的安全情况等。

图 5-7　三坐标测量机

3. FMS 信息流程

如图 5-8 所示为 FMS 信息流程。

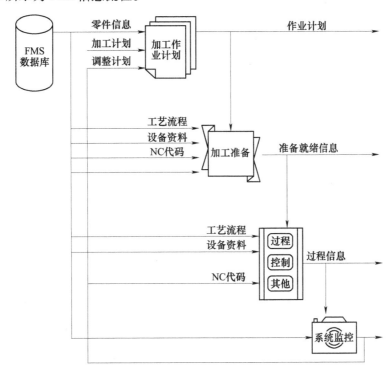

图 5-8　FMS 信息流程

5.1.3 柔性制造所采用的关键技术

1. 计算机辅助设计

未来 CAD 技术发展将会影响专家系统，使之具有智能化，可处理各种复杂的问题。当前设计技术最新的一个突破是光敏立体成形技术，该项新技术是直接利用 CAD 数据，通过计算机控制的激光扫描系统，将三维数字模型分成若干层二维片状图形，并按二维片状图形对池内的光敏树脂液面进行光学扫描，被扫描到的液面则变成固化塑料，如此循环操作，逐层扫描成形，并自动地将分层成形的各片状固化塑料黏合在一起，仅需确定数据，数小时内便可制出精确的原型。它有助于加快开发新产品和研制结构的速度。

2. 模糊控制技术

模糊数学的实际应用是模糊控制器。最近开发出的高性能模糊控制器具有自学习功能，可在控制过程中不断获取新的信息并自动地对控制量做调整，使系统性能大为改善，其中尤其以基于人工神经网络的自学方法更引起人们极大的关注。

3. 人工智能、专家系统及智能传感器技术

迄今，柔性制造技术中所采用的人工智能大多指基于规则的专家系统。专家系统利用专家知识和推理规划进行推理，求解各类问题（如解释、预测、诊断、查找故障、设计、计划、监视、修复、命令及控制等）。由于专家系统能简便地将各种事实及经验证过的理论与通过经验获得的知识相结合，因而专家系统为柔性制造的诸方面工作增强了柔性。展望未来，以知识密集为特征，以知识处理为手段的人工智能（包括专家系统）技术必将应用在柔性制造中，制造业将成为人工智能应用蓝海。智能制造技术（Intelligent Manufacturing Technology，IMT）旨在将人工智能融入制造过程的各个环节，模拟专家的智能活动，取代或延伸制造环境中人的部分脑力劳动。在制造过程，系统能自动检测其运行状态，在受到外界或内部激励时能自动调节其参数，以达到最佳工作状态，具备自组织能力。故 IMT 被称为 21 世纪的制造技术。对未来智能化柔性制造技术具有重要意义的一个正在急速发展的领域是智能传感器技术。该项技术是伴随计算机应用技术和人工智能而产生的，它使传感器具有内在的"决策"功能。

4. 人工神经网络技术

人工神经网络（Artificial Neutral Network，ANN）是模拟智能生物的神经网络对信息进行分析并处理的一种方法，故人工神经网络也可以说是一种人工智能工具。在自动控制领域，神经网络并列于专家系统和模糊控制系统，成为现在自动化系统中的一个组成部分。

5.1.4 柔性制造技术的发展趋势

1）FMC 将成为发展和应用的热门技术。这是因为 FMC 的投资比 FMS 少得多而经济效益相近，更适用于财力有限的中小型企业。目前国外众多厂家将 FMC 列为发展之重。

2）发展效率更高的 FML。多品种大批量的生产企业，如汽车及拖拉机等工厂对 PML 的需求引起了 FMS 制造厂的极大关注。采用价格低廉的专用数控机床替代通用的加工中心将是 FML 的发展趋势。

3）朝多功能方向发展。由单纯加工型 FMS 进一步开发以焊接、装配、检验及材料加工

乃至铸、锻等制造工序兼具的多种功能 FMS。

柔性制造技术是实现未来工厂的新概念模式和新发展趋势，是决定制造企业未来发展前途的具有战略意义的举措。届时，智能化机械与人之间将相互融合，柔性地全面协调从接收订货单至生产、销售这一企业生产经营的全部活动。近年来，柔性制造作为一种现代化工业生产的科学"哲理"和工厂自动化的先进模式，已被国际上所公认。柔性制造技术是在自动化技术、信息技术及制造技术的基础上，将以往企业中相互独立的工程设计、生产制造及经营管理等过程，在计算机及其软件的支撑下，构成一个覆盖整个企业的完整而有机的系统，以实现全局动态最优化，总体高效益、高柔性，并进而赢得竞争全胜的智能制造技术。柔性制造技术作为当今世界制造自动化技术发展的前沿科技，为未来制造工厂提供了一副宏伟的蓝图。

20 世纪 60 年代开始至今，FMT 的出现、发展、进步和广泛应用，对机械加工行业及工厂自动化技术发展产生了重大影响，并开创了工厂自动化技术应用的新领域，大大促进了计算机集成制造技术（CIMT）的发展和应用。在 FMS 领域，美国、日本和西欧发展较快。20 世纪 90 年代后，工业界更加注重信息集成和人在 CIMS 和 FMS 中的积极作用，认识到对 FMS 而言，如果系统规模小些，并允许人更多地能动介入，系统运行往往会更有成效。现在，FMT 已朝着更加正确的方向发展，并开发了新的柔性制造设备，使高性能柔性加工中心构成的 FMC、FTRL（跟随领导者策略）得到广泛应用。同时，工业界已更加注重 FMT 与集成化 CAD/CAPP/CAM，工厂或车间生产控制和管理系统 PCMS 相集成，以达到使企业生产经营能力整体优化的目的，适应动态多变型市场的需求。

当今，"柔性""敏捷""智能"和"集成"乃是制造设备和系统的主要发展趋势。FMS 的构成和应用形式将更加灵活和多样化，小型 FMS 在吸取了 FMS 应用实践经验后获得了迅速发展，其总体结构通常采用模块化、通用化、硬软件功能兼容和可扩展的设计技术。这些模块具有通用功能化特征，相对独立性好，配有相应硬、软件接口，按不同需求进行组合和扩展。与大型 FMS 相比，投资较低，运行可靠性好，成功率较高。这种小型化 FMS 和伴随着 DNC、FMS 技术发展而附带生产的 FMC 技术将具有更加强大的生命力，并将得到快速发展和广泛应用。还可能形成商品化的柔性制造设备，成为制造业先进设备的主要发展趋势和面向 21 世纪的先进生产模式。

5.2　柔性制造单元

柔性制造单元（FMC）是在制造单元的基础上发展起来、具有柔性制造系统部分特点的一种单元。通常由 1~3 台具有零件缓冲区、刀具换刀及托板自动更换装置的数控机床或加工中心与工件储存、运输装置组成，具有适应加工多品种产品的灵活性和柔性，可以作为 FMS 中的基本单元，也可将其视为一个规模最小的 FMS，是 FMS 向廉价化及小型化方向发展的一种产物，如图 5-9 所示。柔性制造单元适合多品种零件的加工，品种数一般为几十种。根据零件工时和组成 FMC 的机床数量，年产量从几千件到几万件，也可达十万件以上。FMC 的自动化程度虽略低于 FMS，但其投资比 FMS 少得多而经济效益接近，更适用于财力有限的中小型企业。目前国内外众多厂家都将 FMC 列为发展的重点。

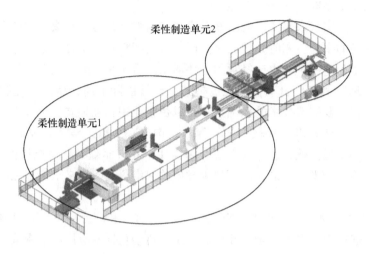

图 5-9　柔性系统与柔性制造单元

1. 柔性制造单元的基本功能

1）自动化加工功能。在柔性制造单元中，有完成自动化加工的设备，如以车削为主的车削柔性制造单元，以钻、镗削为主的钻镗柔性制造单元等。同时辅以其他加工，如车削柔性单元中可以有端铣或钻削、攻螺纹加工等，这些自动化加工设备由计算机进行控制，自动完成加工。

2）物料传输、存储功能。这是柔性制造单元与单台 NC 或 CNC 机床的显著区别之一。柔性制造单元配备有运行物料存储容量所需的在制品库、物料传输装备和工件装卸交换装置，并有刀具库和换刀装置。

3）自动检验、监视等功能。它可以完成刀具检测、工件在线测量、刀具破损（折断）或磨损检测监视、机床保护监视等。

4）单元加工的其他功能。单元加工的其他功能包括清洗，检验，切屑处理等。

2. 柔性制造单元的基本组成

1）由加工中心或加工中心数控机床（含 CNC）混合组成的加工设备。加工回转体零件的车削单元的设备一般不超过四台，大多数加工非回转体零件的单元选用一台加工中心作为基本加工设备。

2）单元内部的自动化工件运输、交换和存储设备。具体随工件特点及其在单元内的输送方式而定，工件在单元内的输送方式有以下两种。

① 托板输送方式。适用于加工箱体或非回转体类零件的 FMC，为便于工件输送及其在机床上夹固，工件（或工件及夹具）被装夹在托板上，工件的输送及其在机床上的夹紧都通过托板来实现。具体设备包括托板输送装置、托板存储库和托板自动交换装置。

② 直接输送方式。适用于加工回转体零件的 FMC，工件直接由机器人或机械手搬运到数控车床、数控磨床或车削中心上被夹紧加工。机床邻近设有料台存储坯件或工件。若FMC 需要与外部系统联系，则料台为托板交换台，工件连同托板由外部输送设备（如小车）输入单元或自单元输出。

3）信息流系统。该系统实现对于加工中信息的处理、存储和传输。

3. 柔性制造单元的基本形式

（1）托板存储库式 FMC　这类柔性制造单元由加工中心和托板存储系统组成，主要用来加工非回转体零件，托板的选定和定位由 PLC 进行控制。按托板库的结构形式可分为以下三种。

1）环行托板库 FMC：由一台加工中心和配有多位环形托板库组成的 FMC，托板库沿长圆形轨道运行，实现托板的输送和定位，托板上装夹有工件。环形工作台用于工件的输送与中间存储，托板座在环形导轨上由内侧的环链拖动而回转，每个托板座上有地址识别码。当一个工件加工完毕，加工中心发出信号，由托板交换装置将加工完的工件（包括托板）拖至回转台的空位处，然后转至装卸工位，同时将待加工工件推至加工中心工作台并定位加工。

2）圆环托板库 FMC：托板库圆周分布，托板在装卸工位、机床自托板库各个位置之间输送，通过库中央的专门搬运装置实现托板的输送。

3）直线形托板库 FMC：托板库为直线形，托板输送装置常为有轨小车。这种单元的优点是具有扩展性，需要时可增加加工设备，加长运输轨道和托板库，扩展成更大的 FMC 或其他柔性制造系统。

（2）机器人搬运式 FMC　回转机器人直接搬运的 FMC 由 1~4 台车削中心或其他数控机床，以及固定安装的回转式机器人和工件存储台等组成，各设备都布置在机器人周围或两侧。工件在加工过程中的搬运都由机器人自动实现。此类 FMC 的优点是设有托板及其自动交换系统，设备费用低，但只适于加工回转体零件。

龙门式机器人直接搬运的 FMC 的特点是可搬运较大、较重的零件和其他物料，搬运设备不占场。

（3）可换主轴箱式 FMC　这种 FMC 以多轴加工为主，适于品种不多的中、大批量的生产，加工设备是可更换主轴箱的组合机床，单元内设有主轴库及其运输交换装置。工件通过托板交换装置从外部系统进入单元，送上圆形回转工作台夹紧，然后由两侧装有相应主轴箱的动力头驱动加工。可更换主轴箱大多是多轴箱，其加工效率比普通加工中心的单轴加工要高，但多轴箱的主轴配置有针对性，没有柔性；由于主轴箱库里存储着需加工的几种零件的各种主轴箱以供更换，因此单元有一定的柔性，可以让几种零件在该 FMC 上混合生产。

5.2.1　FMC 设备布置

设备是企业进行生产的基本单元，合理的设备布局对均衡设备能力、保持物流平衡、降低生产成本起着至关重要的作用。研究表明，大约有 20%～50% 的加工费用用于物料运输，而合理的设备布局至少能节约 10%～30% 的物料运输费用。设备布局是指按照一定的原则，在设备和车间内部空间面积的约束下，对车间内各组成单元、工作地以及生产设备进行合理布置，使它们之间的生产配合关系最优，物料运送代价最小。为了优化物料搬运系统，其目标函数有多种形式，常用的有物流运输成本最小化、综合指标最优化等。约束条件包括车间面积及其形状、生产单元面积及形状、位置有特殊要求的生产单元等。

当前有很多制造系统布置欠佳，它们往往是由实际约束、可用空间限制或特别添加物造成的。

在精益生产环境中，任何单元或生产线布置均应当做到：

1）使用最小空间。

2）允许灵活的人员配备和产量。

3）便于重新配置。

4）采用无 WIP（Work In Progress）的单件流。

5）使可见度和交流达到最大程度。

任何未遵照上述方式的情况均意味着设计方案接受了系统中的浪费。

单元/生产线布置：有许多传统的生产线和工作区域出现了在空间、WIP、产线、运输及加工方面的大量浪费。借助于新技术，重新规划生产流程和生产单元，能够有效减少这些浪费。

较好的单元/生产线布置具有以下优势：

允许使用最少的材料、设备、劳动力、时间和空间生产需要的产品，明显地减少了操作成本。除此之外，每个单元在操作间隔都有一个简单直接的路线，因此，薄弱环节可以很容易地被识别和排除，从而缩短交付周期。当柔性生产线具备柔性生产功能时，系统就能够实现小批量生产，并且在生产过程中能及早发现质量问题并进行纠正。

此外，FMC 还具有减少库存、减少操作员等待时间、减少多余的操作员移动、减少产品运输、减少重新加工、减少过度生产等优势。

要使一个新的或重新设计的单元或生产线布置有效，应当遵循下列程序：

了解当前状态 → 设计未来状态 → 首次布置变动 → 团队合作解决问题 → 第二次布置变动 → 稳定工艺 → 优化工艺 → 维持进步

1. 车间设备布置方式

车间设备布置的主要目标包括：符合工艺过程要求，最有效地利用空间，物料搬运费用最少，保持生产和安排的柔性，适应组织结构的合理化和管理的方便性，为员工提供便利，安全舒适的作业环境等。为使设备布局实现物流搬运量和车间面积利用率最大，有的研究人员利用遗传算法对此进行了分析。车间布置就是对生产车间的设备按一定方式进行布置，使生产过程按照工艺加工顺序，实现物料流动最便利、运输量最小、以最低成本生产出产品。车间布置可分为生产设备布置、物料搬运和工艺装备布置。物料搬运与布置形式是紧密相连的，不同形式的布置有不同的搬运方式。不同的搬运方式不仅影响物料搬运的投资，而且还会影响生产系统的物料搬运量、搬运成本和搬运效率。

生产设备的布置最为关键。设备布置有如下几种方式：

1）产品原则布置：根据产品的制造步骤安排各组成部分。理论上，流程是一条从原料投入到成品产出的连续线。固定制造某种部件或产品的封闭车间，其设备、人员按加工或装配的工艺过程顺序布置，形成一定的生产线，适合少品种、大批量的生产方式。

2）工艺原则布置：又称机群布置，是将同类设备和人员集中布置在一个地方的布置形式。根据所执行的一般功能，对各工艺组成部分进行布置，并不考虑任何特殊产品，适用于单件小批加工车间等。

3）成组原则布置：实施成组加工的布置形式，介于产品布置与工艺布置之间，适用于中小批量生产。

4）定位原则布置：根据体积或重量，将产品固定在一个位置上，设备、人员、材料都围绕着产品分布，适用于飞机制造厂、造船厂等。

2. 设备布置技术

设备布置技术包括多种方法，如早期的设备布置设计法，采用该方法可进行齿轮加工车间的设备布局。设备布置技术最终体现为设备布局算法，目前的算法分为最优算法和次优算法两类。早期的算法根据流程图、工艺过程图以及设备分析人员的经验和知识来确定布局。新的次优算法可分为图论算法、结构算法、改良算法和混合算法等几类。

在车间布置形式中，生产线和生产线上各工作地的位置以及设备的定位已由工艺流程所规定，因此布置的中心问题是使零件在生产线上均衡流动，使生产线上的操作工人停机时间最短、搬运工作量最小。生产线平衡法可用于布置技术，常用方法包括杰克逊的列举法、分枝界限法、赫尔森和伯尼的位置加权法、霍夫曼的矩阵法、凯尔布里奇和韦斯特方法等。在实际工作中，较多采用较简便的位置加权法。

在进行生产线改造时，采用位置加权法对原生产线布置进行改进，布置步骤如下：

1）确定零件周期时间。

2）将零件组划分为可测操作单元，并按一定方法测量各操作单元时间。

3）绘制操作单元顺序图。

4）根据周期时间 T 和零件作业时间 C，计算出最少工作地数量 $N_{\min}=T/C$。

5）根据位置加权法的规则划分工作地（或工序），分配各工作地的操作单元。

3. 设备布局设计的内容

1）设备的选择。不同零件的生产特点、生产类型、生产规模等决定了采用不同的生产系统，也确定了所选用的生产设备。对于机械加工来说，常用的生产设备就是通用机床、专用机床、数控机床、加工中心等。在根据零件生产特点、企业生产现状等因素综合考虑生产设备类型时，为了适应多变的市场需求，一般应尽可能选用通用机床和数控机床，组成柔性较高的生产系统。对于专业化生产厂家，则可采用由专用机床或组合机床组成的自动线，满足大批量高效生产的需求。

2）设备数量的确定。设计生产单元中机床的类型和数量时，其原始依据是零件组明细表、生产大纲及工艺过程卡等。某类零件（批量为 N_i）在 J 型机床上的单件加工量为 t_i，则该类零件在 J 型机床上的年加工总量为 T_J，即

$$T_J = \sum_{i=1}^{n} N_i \, t_i \tag{5-1}$$

生产单元内需要第 j 台机床的数量为 $Q_j = T_J/F$（F 为单台机床年加工时数）。为了保持设备需要量与机床负荷的平衡，在最后得到的数值上进行圆整，以使机床的负荷留有适当余地。机床负荷 η 可按下式计算

$$\eta = Q_j/Q_{jp} \tag{5-2}$$

式中，Q_{jp} 为第 j 台机床实际采用数量。在确定了机床加工负荷后，如果机床负荷达不到规定要求，可采取以下方法解决：增大加工任务量，以保留原先选定的机床；修改工艺规程，去除负荷很低的机床；采用少数高效设备来取代为数众多的通用设备等。在确定生产单元的规模（即所用机床数量）时，还应考虑以下因素：

① 单元内的零件能在单元内加工完毕，避免跨单元生产。

② 单元内的机床与操作工人应保持一定的负荷率。

3）设备的布局。设备的布局与物料搬运系统的设计密切相关。在常规的设备布局中，可按物料搬运距离最短、车间面积使用率最高等具体目标进行规划。不同类型的生产系统有不同的要求。刚性自动生产线具有传送设备和固定的生产节拍，要求设备尽量按加工顺序展开，形成 L 型、U 型、直线型等；在成组单元设计中，应按照零件族的基本加工顺序放置设备，力求工件能合理流动；在柔性生产（单元）系统中，可通过自动化搬运设备（机器人、AGV 等）形成一定区域的自动化生产系统。

设备布局时必须考虑的另一个重要问题是合理选择搬运设备。搬运设备关系到工人的疲劳强度、搬运效率和搬运成本。搬运设备种类很多，如搬运机器人、AGV、有轨小车、各种传送带、滚道、滑道等，可根据生产批量和规模、生产零件的特点、机床设备的自动化程度等综合确定。在按照产品布置形式选择物料搬运设备时，需要考虑的主要影响因素包括产品的性质、形状、尺寸和重量以及生产规模、产量水平等。物料搬运设备和搬运方法一般都是专门设计的。传送带、传递机是最常用的搬运设备，用于将物料运达目的地。

按照产品布置形式的搬运特点是：要求各工序（或生产场所）之间有某种直接运输手段，使每个操作者可将制成品或零件放到下一个操作者可以拿到的位置上，以减少搬运次数和移动距离。

4）物料搬运量计算。物料搬运工作量的计算公式为

$$T_W = \sum f_{ij} \, d_{ij} \qquad (5-3)$$

通过计算搬运量可以确定物料搬运主要集中在哪些车间或工序上，然后对搬运量大的车间或工序的设备布局进行优化改进。通过对比改进前后的搬运量，可以验证布局的合理性。

5.2.2 生产系统设备布局设计实例

图 5-10 及图 5-11 所示的系统设备布局设计中，生产线重新设计源于执行全局改善活动，通过生产线平衡，减少工人两人，减少 84% 的运输行程，有效提升了流水线的效率和产品竞争力。

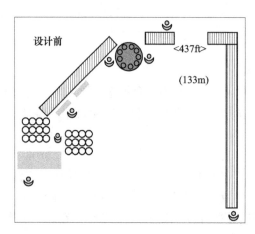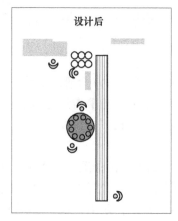

图 5-10　系统设备布局设计 1

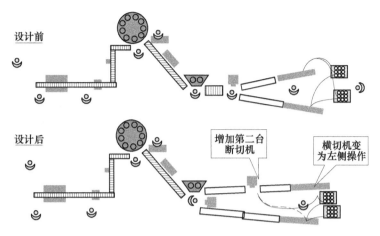

设计前

设计后

增加第二台
断切机

横切机变
为左侧操作

图 5-11　系统设备布局设计 2

5.3　柔性装配线

装配是机械制造工艺过程中的一个重要环节，是物料流、资金流、信息流和误差流最后集成的阶段，也是达到产品的功能、性能和质量的最后制造阶段。因此，装配在机械制造业中占有重要地位。由于装配作业对人的感知、技艺和经验的依赖性较强，至今装配过程的自动化程度还很低，许多较为复杂、重要的装配过程仍以手工装配为主，装配自动化主要是局部自动化。

5.3.1　柔性装配线基础知识

机械产品几乎都是由许多零件和部件组成的。零部件是构成机械产品的最基本单元。根据规定的技术要求，将零件或部件进行配合与连接，使之成为半成品或成品的工艺过程称为装配。

装配过程的活动单元称为装配作业。装配作业的过程是通过时间上有序的操作活动，在规定的约束下，把空间上位形无序的、彼此没有联系的、分立的零件或部件，组合成位形有序的、彼此联系的、能完成一定功能、达到一定性能指标要求的新整体的装配作业集合。装配具有以下特征：

1）装配要按步骤进行。用若干个零件配合连接在一起，使其成为机械产品的某一组成部分的装配过程，称为部件装配，简称部装；把零件和部件进一步装配成最终产品，称为总装。一般来说，装配的过程是先部装后总装。图 5-12 所示为汽车发动机的装配过程。图 5-12a 所示为一个汽车发动机的箱体零件，零件是装配的最基本单元；图 5-12b 所示为装配完成的发动机，因发动机本身属于产品中的一个部件，则这个装配就是部装；图 5-12c 所示为发动机已经装在汽车上，且整车已全部装配完，形成了汽车这个产品，则这个装配就是总装。

2）装配作业的层次性。常见的装配作业有连接、校正、调整、平衡、清洗、验收试验、油漆和包装等内容。其中连接是装配的主要工作内容。这些作业内容要在不同的作业层

a) 箱体零件　　　　　b) 发动机　　　　　　　　c) 整车

图 5-12　汽车发动机的装配过程

次中进行。所谓作业层次，是指装配中把直接进入产品装配的部件称为组件；把直接进入组件装配的部件称为第一级分组件；直接进入第一级分组件装配的部件称为第二级分组件，依此类推。机械产品结构越复杂，分组件的级数越多。这种关系称为产品树结构。图 5-13 所示为一支圆珠笔的产品树结构。

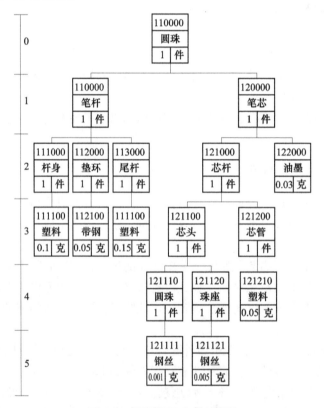

图 5-13　圆珠笔的产品树结构

图中的方框代表一个产品、部件或零件，表示的是其代号、名称和数量。图中笔杆和笔芯是直接进入总装的部件，所以称为组件；芯杆是组件笔芯的下一级组件，称为第一级组件；同理，芯头就是第二级组件。树结构中其他的都是零件，零件是不分级的，可以根据需要直接参加各层次的装配。除了总装外，其他都是不同级别的部件装配，如第一级分组件的部件装配等。

3）装配作业的有序性。装配过程是一个有序的过程，也就是说，产品或部件的装配受装配顺序的约束。比如在螺钉的装配连接时，要先钻孔、攻螺纹，然后才能完成螺钉的装配。因此，要求严格地按照前一个装配作业（称为先行作业）完成后，才能进行后一个装配作业（称为后继作业）的顺序组织装配过程。这种先行作业与后继作业之间的顺序关系称为优先约束。

装配过程本质上属于项目工程的范畴，装配作业虽然从形式上看是一个批量生产的过程，但仔细观察一个产品的装配过程，就和完成一项工程项目一样，都是不可逆的生产活动。由图 5-13 所示的产品树结构图可以看出，装配先从最底层的零件开始，形成组件，再形成产品，是一个完整的工程活动。可以引用工程项目的图示法来直观地分析装配过程。

1. 装配线及其组成

（1）装配线的形成　产品在装配过程中各装配单元有顺序和生产效率双重要求，因此装配单元之间靠得很近，就自然形成了一条装配线。由于装配线是一条线，就要将图 5-13 所示装配优先图中的各装配单元转换到一条线上。装配线可以分为手工装配线和自动装配线。

手工装配线由多个呈直线或环形排列的装配工作站和相应的操作者组成，主要用于完成产品的整个装配过程或组装部件的过程。每个工作站上有一个或多个装配工，完成规定的装配任务。手工装配线又称为手工装配流水线。手工装配线的主要优点是在装配线上完成装配作业的是经过专门训练的熟练工人，可以又快又好地完成装配任务。

自动装配线指的是利用机械和自动化装置代替人工完成装配作业。近年来，自动化装配技术有了长足的进步，其典型的实例是装配机器人的应用。由于装配作业过程一般都十分复杂，自动化装配还很难代替手工装配，这就使得自动装配线往往带有局部自动化的性质，即局部装配采用自动装配，而其他装配依然由手工进行。

（2）装配线的形式

1）刚性装配线是按照装配工艺流程不变顺序地布置的装配线，其特征是采用高效的自动化专用设备，生产率高，但无适应品种变化的能力，只适用于单一或少品种的大批量生产中。这样的例子在轻工业、食品、卫生行业的产品包装中常见，如啤酒灌装线、食品和药品包装线等，而且多为自动装配线。

2）柔性装配线可以理解为装配线对外部因素变化的顺应性和对内部因素变化的适应性。顺应性是指产品装配过程对市场需求变动的有效响应能力；适应性是指由于产品改变引起装配过程变化后的容错能力与装配的可靠性和稳定性。产品变化必然引起装配关系变化，从而导致装配线重组。刚性装配线因缺少这种适应能力，难以应对不断变化的市场需求。因此现在的装配线有向柔性装配线发展的趋势。

当然柔性装配线还不可能达到完全柔性的程度。只能是在产品有限的品种范围内（几种至十几种之间），在产品具有较强相似性的前提下，形成柔性装配线。在构造柔性装配线时，要运用成组技术，对相似产品的装配过程进行相似性检验，确定具有相似产品的装配过程，可组成一组完备的产品装配组，在同一条柔性装配线上完成装配任务，这样可以大大降低柔性装配线的重组成本。

（3）装配线的组成　图 5-14 所示为装配线的组成情况。图中有一个上料区、一个成品区、三条传送带和两个选择器。选择器分为分拣器和合拣器两种，分拣器将来料向两个方向传送；合拣器将多个方向的来料向一个方向传送。传送带是在装配元作业时，在装配元之间顺序传送装配件。目前，选择器正在越来越多地由装卸机器人代替，这有利于提高装配线的柔性。如果是手工装配线，则操作者在传送带的两侧工作；如果是自动化装配，传送带的两侧可安装自动装配机。

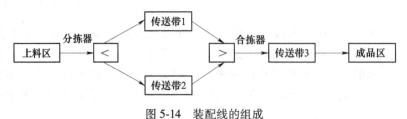

图 5-14 装配线的组成

2. 装配线的平衡

在满足优先约束的前提下，装配线上以工作站为单位所进行的装配作业时间，等于或接近于装配线的节拍时间，这样可使整条装配线获得较高的生产率。为此目的所做的改进过程称为装配线的平衡。装配线平衡的步骤和方法如下。

（1）确定装配线的生产节拍　装配线的生产节拍为一批产品装配所需的总时间和批量之比，即

$$T_C = \frac{MLT}{N} \tag{5-4}$$

式中　T_C——装配线的生产节拍（min）；

MLT——批量为 N 的产品需要的总装配时间（min）；

N——产品批量（台）。

对于装配线的生产节拍有一个最小节拍的限制，即

$$T_C \gg \forall T_{ej} \quad (j = 1, 2, 3, \cdots, n) \tag{5-5}$$

式中　$\forall T_{ej}$——任意一个装配元的作业时间（min）。

上述公式表明了装配线的生产节拍时间必须大于或等于任意一个装配单元的作业时间。如果按产品交货期计算出的节拍时间小于装配单元的作业时间，就要增加装配线。

（2）根据产品树结构图，绘制装配优先图　产品树结构图是按产品的设计阶段的部件划分绘制的，在装配时会有些变化，因此按照不同的装配工艺要求进行处理，然后绘制成装配优先图。当产品中零件和部件的数量较多时，装配优先图可能会出现网络图形的情况，给装配线的平衡带来困难。

（3）计算装配单元的阶位值　目前装配线平衡的方法中，以阶位值法（或称分级位置权重法）应用最为普遍。此方法是 Heigeson 和 Bimie 在 1961 年提出的，其含义是每个装配单元的阶位值等于从该装配单元开始直到最终装配单元之间所经历的所有装配单元作业时间之和，即：

$$RPW = \sum_{i=1}^{ne} T_{ei} \quad (i = 1, 2, \cdots, ne) \tag{5-6}$$

式中　RPW——装配单元阶位值；

T_{ei}——装配单元作业时间（min）；

ne——经历的装配单元个数。

（4）对装配单元按阶位值进行排序　计算得到各装配单元的阶位值后，要对其进行排序，排序的方法是降序排序，并将排序结果填入表格中，待平衡时使用。

（5）确定最少工作站数　装配工作站指的是在一个生产节拍内相互联系的装配单元的组成单位，简称为工作站。在一个工作站内，可以有许多装配作业，但作业的总时间不能超过生产节拍。为便于进行装配线平衡，首先应确定出装配线最少的工作站数，即

$$S_{\min} = \frac{\sum\limits_{i=1}^{n} T_{ei}}{T_C} \tag{5-7}$$

式中　$S_{\min}$——最少工作站数，取整为比计算结果大的最小整数；

$\sum\limits_{i=1}^{n} T_{ei}$——单台产品装配总作业时间（min）。

（6）分配工作站　分配工作站时，应按下列规则进行：

1）保证装配优先顺序，先分配先行作业，后分配后继作业。

2）在均可分配的装配单元中，阶位值大者先进行分配。

对于分配到站内满足上述两个规则的装配单元，若站内的累计作业时间超过了生产节拍，就要将其舍弃，再看下一个装配单元是否满足不超时，若满足就分配，若不满足则舍弃。可能的装配单元均不能向站内分配时，转向进行下一工作站的分配。

分配工作站一般采用表上作业法，用填表的方式进行。

3. 计算平衡损耗率

工作站分配结束后，要计算平衡损耗率。所谓平衡损耗率是检验平衡效果的指标，它表示的是各工作站空闲时间与工作站数和生产节拍的乘积之比，即

$$d = \frac{ST_C - \sum\limits_{i=1}^{n} T_{ei}}{ST_C} \times 100\% \tag{5-8}$$

式中　d——平衡损耗率，较好的平衡结果应满足 $d \geqslant 15\%$；

S——工作站数。

5.3.2　柔性装配线最佳产出率的计算

柔性装配线重组是指在原装配线的基础上，不过多地增加投资，利用原有资源进行重新组合，获得一条满足订单要求的另一产品装配线的过程。为了使新装配线具有最大的产出率，重组时应引用最优化理论对其产出率进行优化，具体的优化过程如下。

1. 将原有的装配线绘制成网络图

图 5-15 是根据某条原生产现场的装配线绘制而成的网络图。图中的节点 $V_i(i = 1, 2, \cdots, 6)$ 代表装配线两条传送带之间的结合部，方向线代表一条传送带。方向线上方

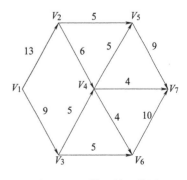

图 5-15　原装配线网络图

的数字代表该传送带的最大产出率，即传送带最大出产速率。

（1）求解新装配线最大产出率的分析方法　假设网络图的入口 V_1 处有无限多的产品零部件等待装配，因此能否实现高产出率的装配，完全取决于装配线本身。从理论上说，这就是一个网络的最大流问题。所谓最大流是指在一定条件下，要求流过网络的物质流量值达到最大。为解决这个问题，需要引用运筹学中的最大流–最小割集定理（Maximum Flow-Minimum Cut Set Theory）。这一定理最早由 T. E. 哈里斯提出，用来在一个给定的网络上寻求两点间最大运输量。L. R. 福特和 D. R. 富尔克森等人又给出了解决这类问题的算法，从而建立了网络最大流理论。下面进行详细介绍。

构成网络最大流的条件有：

1）网络有一个起始点 V_1 和一个终点 V_n。

2）流过网络各边的流量具有一定的方向性。图 5-15 中各边箭头所指方向，即为流量流动方向。网络图是一个有向网络图。

3）网络中的各边都赋予了允许流过的最大流量，因此，实际流过的流量 x_{ij} 不允许超过 b_{ij}，即：

$$0 \leq x_{ij} \leq b_{ij} \tag{5-9}$$

4）网络中，除起始点和终点外，流入任何一个节点的实际流量之和必须等于流出该节点的流量之和，即必须满足连续性定理。可用公式表示如下：

$$\sum_i x_{ij} - \sum_i x_{ji} = 0 \tag{5-10}$$

5）求解最大流的图解法就是根据最大流问题的网络图来寻找从起始点 V_1 到终点 V_n 所允许流过的最大流量，其具体步骤是：

① 从网络图的最外层开始找出从 V_1 到 V_n 的通路；

② 找出该通路中允许通过的最小流量，并从该通路中各边上减去最小流量值；

③ 将上述具有最小流量的边删去，余下的重新画出网络图；

④ 重复以上步骤，直到从 V_1 到 V_n 已无通路为止。

将以上所得的各通路最小流量值相加，即得到该网络的最大流量。

例 5-1　用图解法求图 5-15 所示网络的最大流。

解：1）先从网络的最外层找出从 V_1 到 V_7 的通路，结果有两条通路：

$$V_1 \xrightarrow{13} V_2 \xrightarrow{5} V_5 \xrightarrow{9} V_7$$

$$V_1 \xrightarrow{9} V_3 \xrightarrow{5} V_6 \xrightarrow{10} V_7$$

2）上面两条通路的最小允许流量均为 5，将其从两条通路中减去，得：

$$V_1 \xrightarrow{8} V_2 \xrightarrow{0} V_5 \xrightarrow{4} V_7$$

$$V_1 \xrightarrow{4} V_2 \xrightarrow{0} V_5 \xrightarrow{5} V_7$$

3）删除流量为 0 的边，重新画出网络图，如图 5-16 所示。

4）重复上述步骤，继续寻找图中的最外层通路，结果有：

$$V_1 \xrightarrow{8} V_2 \xrightarrow{6} V_4 \xrightarrow{5} V_5 \xrightarrow{4} V_7$$

$$V_1 \xrightarrow{4} V_3 \xrightarrow{5} V_4 \xrightarrow{4} V_6 \xrightarrow{5} V_7$$

两条通路的最小允许流量均为 4，从该两
条通路中减去，得：

$$V_1 \xrightarrow{4} V_2 \xrightarrow{2} V_4 \xrightarrow{1} V_5 \xrightarrow{0} V_7$$

$$V_1 \xrightarrow{0} V_3 \xrightarrow{1} V_4 \xrightarrow{0} V_6 \xrightarrow{1} V_7$$

删除流量为 0 的边，再重新画出如图 5-17
所示的网络图。

5）继续重复上述步骤，根据图 5-17，这
时从 V_1 到 V_7 的通路还有一条，即：

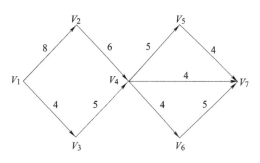

图 5-16　图解法求解最大流过程（一）

$$V_1 \xrightarrow{4} V_2 \xrightarrow{2} V_4 \xrightarrow{4} V_7$$

上述的最小流量为 2，从该通路中减去，得：

$$V_1 \xrightarrow{2} V_2 \xrightarrow{0} V_4 \xrightarrow{2} V_7$$

重新画出网络图，如图 5-18 所示，此时从 V_1 到 V_7 已无通路可找。

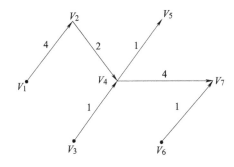

图 5-17　图解法求解最大流过程（二）

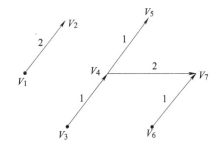

图 5-18　图解法求解最大流过程（三）

6）将上述五条通路的最小允许流量值相加，得最大流量 f 为：

$$f = 5 + 5 + 4 + 4 + 2 = 20$$

从上述用图解法求网络流问题可知，其过程实质是找出流经网络最小流的割集，而最大
流等于最小割流量。这一原理一般称作最大流-最小割定理。

（2）求解最大流的标记法　实际上，图解法仅是引出最大流-最小割的基本原理，而求
解最大流的常用方法是标记法。下面以图 5-15 为例介绍标记法的求解步骤和方法。

例 5-2　简述用标记法求图 5-15 所示网络的最大流的方法和步骤。

解：1）标记法求解最大流的方法。

在图 5-15 所示的网络图上根据各边允许通过的流量
来设定"初始可行流"，即在满足 $0 \leqslant x_{ij} \leqslant b_{ij}$ 时：

$$\sum_i x_{ij} - \sum_i x_{ji} = 0 \qquad (5-11)$$

在这个前提下，给网络图一个初步设定的各边通过的
流量并标注在箭线下边的括号内，如图 5-19 所示。

为了找出最大流，要对初始可行流进行修正。在网络
中，一般规定流向为正方向（指 $V_i \rightarrow V_j$，且 $i < j$）时，表
示从 i 流到 j 的实际通过流量 $x_{ij} \leqslant b_{ij}$，反之逆方向（指 $V_j \rightarrow$

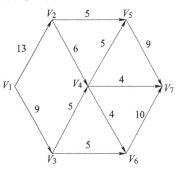

图 5-19　标记法的网络初始可行流

V_i且序号$i<j$）时，表示$x_{ji}>0$。用满足上述的边所组成的、由V_1到V_n的通路至少有一条存在，把这条路线称作流量修正路线。在这条路线中在$x_{ij}\leqslant b_{ij}$的边上，可以加上一个修正量ε，即$x_{ij}+\varepsilon$；在$x_{ji}>0$的边上，则要送去一个修正量ε，即$x_{ji}-\varepsilon$。为使所求结果达到最大值，修正量也尽量取最大值$\varepsilon_{\max}$。这样有

正向流动时：$\qquad\qquad\varepsilon_{\max}=b_{ij}-x_{ij}\qquad(i<j)$

反向流动时：$\qquad\qquad\varepsilon_{\max}=x_{ji}\qquad\qquad(i<j)$

通过若干次的流量修正后，即可求得网络的最大流量。

2）标记法求解步骤。

① 先确定最大流网络图的初始可靠流。

② 在网络初始点V_1旁记上（$-\infty$，$+\infty$）标记，表示初始点不修正流量。

③ 依次确定除V_1外的各点是否可以标记（换句话说，就是各点是否可以修正流量），即各点是否满足$x_{ij}<b_{ij}$或$x_{ji}>0$的条件。如满足则可记上标记（i^+，ε_i）或（i^-，ε_j），即从V_i到V_j可以修正，在V_j处可以加上修正量ε_j；或从V_j到V_i可以修正，在V_j处减去修正量ε_j，修正量的值可以根据下述情况分别计算

当$x_{ij}<b_{ij}$时，$\varepsilon_j=\min\{\varepsilon_j,\ b_{ij}-x_{ij}\}$

当$x_{ji}>0$时，$\varepsilon_j=\min\{\varepsilon_j,\ x_{ji}\}$

④ 当所有顶点（包括终点V_n）的修正量都已记上后，则可按括号内左端的序号逆向地（由V_n到V_1）找到流量修正通路并修正流量。当标记为（i^+，ε_i）时，流量增加到$x_{ij}+\varepsilon_j$；当标记为（i^-，ε_j）时，流量减小到$x_{ji}-\varepsilon_j$。

⑤ 反复进行上述流量修正步骤，直到终点再不能标记时为止。这时再把最后一次标记过后的点集合起来，就是最小割集，而最小割集的流量之和，就是所要求的网络最大流量。

例 5-3 用标记法求图 5-15 所示网络的最大流量。

解：1）网络图的初始可行流如图 5-19 所示。由图可知，它满足以下两个条件：

$$0\leqslant x_{ij}\leqslant b_{ij}$$

$$\sum_i x_{ij}-\sum_i x_{ji}=0$$

2）在图 5-20 中，先标记上V_1点标记（$-\infty$，$+\infty$）。

3）确定除V_1点以外各点能否标记，并计算相应的修正量ε_j记在该点旁的括号内。标记的具体做法如V_2点的标记过程：

由于$x_{12}<\varepsilon_j b_{12}$（即$7<13$），所以$V_2$点可以标记，其修正量为：

$$\varepsilon_2=\min\{\varepsilon_1,\ b_{12}-x_{12}\}=\min\{\infty,\ 13-7\}=6$$

故V_2点处标记为（1^+，6），含义是流量从V_1点来，流量的修正量为+6。如果某点标记的修正量为 0 时，代表该点不能修正，可以不标。此外，当某点的标记来自于不同的点时，则在标记时取修正量的大者，作为该点选中的标记。标记的具体做法如V_7点的标记过程：

$$\varepsilon_7(V_5)=\min\{\varepsilon_5,\ b_{57}-x_{57}\}=\min\{3,\ 9-7\}=2$$

$$\varepsilon_7(V_6)=\min\{\varepsilon_6,\ b_{67}-x_{67}\}=\min\{4,\ 10-5\}=4$$

因V_4到V_7的修正量为 0，不做标记，则在上述两个中选一个修正量大者，作为V_7的标记，即：

$$\varepsilon_7=\max\{\varepsilon_7(V_5),\ \varepsilon_7(V_6)\}=\max\{2,\ 4\}=4=\varepsilon_7(V_6)$$

按照此法，可以将图 5-19 中其他点也标记出来，标记的结果如图 5-20 所示。

第一次标记后，由于在终点 V_7 修正量为 $\varepsilon_7 = 4$，因此要在图 5-19 中沿箭线从终点 V_7 往回找到起点 V_1，将经过的括号内的实际流量值改为原来的实际流量值加上修正量后的值。修正量统一取为 $\varepsilon_7 = 4$。再画新图，标出第一次标记修正后的结果，如图 5-21 所示。

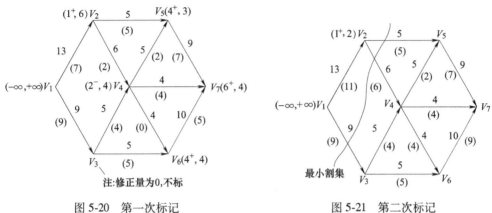

图 5-20　第一次标记　　　　　　　　图 5-21　第二次标记

4）在图 5-21 上再第二次做标记，发现标记到 V_2 后，其他点的修正量均为 0，这样就不再存在流量的修正通路，因此流量修正工作到此结束。为直观看出不可标记区域，在图 5-21 上，将能标记的区域和不能标记的区域之间用一条割线割开，就得到了最小割集，被割线切中的箭线上，恰好都满足 $[x_{ij}] = [b_{ij}]$，即修正量已经为 0，不可再修正。将被割线切到的箭线上的实际流量值求和，就是最小割集的流量，即

$$[x_{24}] = 6$$
$$[x_{13}] = 9$$
$$[x_{25}] = 5$$

将其求和，最小割集流量为 6+9+5=20。这个流量也就是网络的最大流量。把这个最大流量应用于柔性装配线的计算上，就是柔性装配线的产出率。

5.3.3　柔性装配线重组与最佳配置

订单生产给装配线提出了柔性化、快速反应的要求。灵活多变的需求频繁地变更着装配工艺方案。变刚性装配线为柔性装配线是快速获取最佳装配工艺路线的一种先进技术。该技术通过建立装配资源数学模型和应用最大流-最小割理论，可以实现装配线的重组与最佳配置。在不改变原有装配线形式的前提下，仅做带长和带速的调整，就可以达到订单生产的要求。

1. 原始资料

跟随灵活多变、频繁变更的订单，企业修订装配工艺方案，对生产现场进行重组规划与布置已经是一件经常性的工作。柔性装配线重组与布置的原始资料主要有以下几项。

（1）产品装配优先图　产品装配优先图如图 5-22 所示。它有 15 个作业元，其作业时间为 $T_{ei}(i = 1，2，\cdots，15)$。图中，每个节点代表一个装配作业元，节点圆圈内的数字代表作业号，节点上侧的数字代表作业元的作业时间（min），箭线代表作业顺序。

（2）原有装配线布置图　柔性装配线的重组改造，原则上是在原有的装配线上进行，

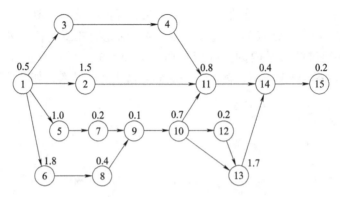

图 5-22 产品装配优先图

尽量不做大的改动，更不能完全推倒重来。原因是再有这个订单时，可以很快恢复。图 5-23 所示为原装配线布置图。图中 V_{ij}（如 V_{12}）代表装配线上的一条传送带，共有 9 条传送带。传送带的运行速度可调。在上料区和传送带之间或带与带之间有分拣器和合拣器。装配线的起点为 V_1 上料区，终点为 V_7 成品区。

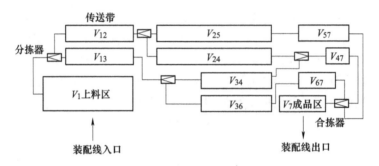

图 5-23 原装配线布置图

（3）生产节拍 装配线的生产节拍由订单数量与交货时间间隔决定，即时间间隔与订单数量之比。本例中取生产节拍为 3.1min。

2. 工作站的划分

装配线重组，首先要进行的是工作站的划分。根据给定的生产节拍，确定装配线的工作站数。

（1）计算阶位值 装配作业有严格的顺序要求。因此在作业排序中，引入阶位值的概念。阶位值大者优先向工作站安排。算法是第 i 个作业元素作业时间与所有后继作业元素作业时间的代数和，即为该作业元素的阶位值，用 $P_1(i)$ 表示，其计算逻辑式为：

$$p_1(i) = N(i, i) + \{\forall N(j, j)，当 N(i, j) = 1 \text{ 或者 } N(i, i) = 0\}，i = 1, 2, \cdots, n$$

计算结果见表 5-1。

（2）分配工作站 工作站是装配作业的基本单元，每个站可以有多个作业元素。因此要以生产节拍和作业顺序为约束条件，将作业元素分配到工作站中。

各作业元素按装配顺序和阶位值向各工作站分配，并与节拍时间进行比较，计算剩余时间。若剩余时间足够安排下一作业元素时，就再找尚未分配的、阶位值较高的作业元素，把它分配到工作站中；若剩余时间不够再安排其他作业元素时，就向下一个工作站分配，依此类推，直到将全部作业分配完为止。各作业元素分配到工作站的情况见表 5-2。

表 5-1 阶位值计算表

作业元素	作业时间	1	2	3	4	5	6	7	8	9	10	11	12	13	14	15	阶位值	排序
1	0.5		⊕	⊕		⊕	⊕	+	+	+	+	+	+	+	+	+	9.5	1
2	1.5											⊕			+	+	2.9	8
3	0.5				⊕								+		+	+	2.2	11
4	0.3											⊕			+	+	1.7	12
5	1.0							⊕		+	+	+	+	+	+	+	5.2	3
6	1.8								⊕	+	+	+	+	+	+	+	6.3	2
7	0.2									⊕	+	+	+	+	+	+	4.3	5
8	0.4									⊕	+	+	+	+	+	+	4.5	4
9	0.1										⊕	+	+	+	+	+	4.1	6
10	0.7											⊕	+	+	+	+	4.0	7
11	0.8														⊕	+	1.4	13
12	0.2													⊕	+	+	2.5	9
13	1.7														⊕	+	2.3	10
14	0.4															⊕	0.6	14
15	0.2																0.2	15

表 5-2 按节拍 3.1min 分配作业元素的过程

工作站	作业元素	阶位值	紧前作业	作业时间/min	累计作业时间/min	剩余作业时间/min
1	1	9.5	—	0.5	0.5	2.6
	6	6.3	1	1.8	2.3	0.8
	8	4.5	6	0.4	2.7	0.3
2	5	5.2	1	1.0	1.0	2.1
	7	4.3	5	0.2	1.2	1.9
	9	4.1	7, 8	0.1	1.3	1.8
	10	4.0	9	0.7	2.0	1.1
	12	2.5	10	0.2	2.2	0.7
	3	2.2	1	0.5	2.7	0.2
	4	1.7	3	0.3	3.0	0.1
3	2	1.0	1	1.5	1.5	1.6
	11	2.4	2, 4, 10	0.8	2.3	0.8
4	13	2.3	10, 12	1.7	1.7	1, 4
	14	0.6	11, 13	0.4	2.1	1.0
	15	0.2	14	0.2	2.3	0.8

3. 确定装配线最大产出率

为了追求订单产品在线装配时的高产出量，需要应用运筹学中的最大流-最小割定理，把生产现场原有装配线组成情况描绘成图 5-24a 的形式。图中节点代表不同传送带之间的连接机器人，从 V_i 至 V_j 的箭线代表一条传送带，箭线上的数值为传送带单位节拍下线的最大产出量。V_1 表示装配起点，V_7 表示装配结束。现在的问题是怎样安排这条装配线才能使从 V_1 到

V_7 的产出率为最大，这就是最大流问题。应用最大流-最小割定理解决此类问题的算法很多，这里采用标记法来求装配线的最大产出率，结果如图 5-24b 所示。

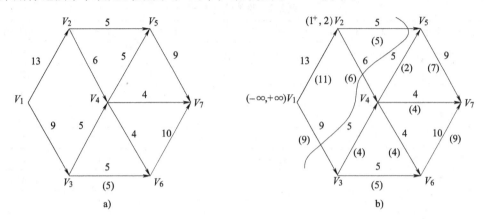

a)　　　　　　　　　　b)

图 5-24　装配线产出率计算图

这样做的目的是简化此处的计算。图中各箭线下方用括号表示的数字，代表的就是在保证整个装配线为一个流时的各传送带的实际产出率，也就是前面常说的 x_{ij}，传送带的最大产出率就是 b_{ij}。

4. 装配线重组

根据图 5-24 和表 5-2 的结果，就可以对传送带进行分组。分组情况，即工作站号、传送带号、站内作业元素分配、各带产出率和各带的最小带长（按双侧作业，每工位 1m 计算）相关数据见表 5-3。

表 5-3　传送带分组情况

站号	第一工作站		第二工作站				第三工作站			第四工作站		
带号	v_{12}	v_{13}	v_{24}	v_{25}、	$\hat{v}_{34}$	v_{36}	$v_{5、5}$	v_{45}	v_{46}	$v_{6、6}$	v_{57}	v_{47}	v_{67}
作业元素	1, 6, 8		5, 7, 9, 10, 12, 3, 4				2, 11				13, 14, 15		
产出	11	9	6	5	4	5	5	4	4	5	9	2	9
最小 带长/m	16.5	13.5	21	17.5	14	17.5	5	4	4	5	13.5	3	13.5

根据表 5-3，并考虑各传送带为标准规格尺寸，实际长度一般按 5m 的整数倍取值，这样要按计算的带最小长度确定各带的实际长度，见表 5-4。

表 5-4　传送带实际长度的确定

站号	第一工作站		第二工作站				第三工作站			第四工作站		
带号	v_{12}	v_{13}	v_{24}	v_{25}、	$\hat{v}_{34}$	v_{36}	$v_{5、5}$	v_{45}	v_{46}	$v_{6、6}$	v_{57}	v_{47}	v_{67}
最小带长	16.5	13.5	21	17.5	14	17.5	5	4	4	5	13.5	3	13.5
实际带长	20	15	25	20	15	20	5	5	5	5	15	5	15

5.4　柔性制造技术的物流系统

FMS 的物流系统主要包括以下三个方面：

1）原材料、半成品、成品所构成的工件流。

2）刀具、夹具所构成的工具流。

3）托盘、辅助材料、备件等所构成的配套流。

在生产中的物流储运（Material Handling）技术是指有关工件、工具、配套件等的位置及堆置方式变化（移动和储存）的技术。自动物料储运包含在制造自动化系统之间及其内部的物料自动搬运及控制、自动装卸及存储两个方面。FMS 中的物流系统与传统的自动线或流水线有很大的差别，它的工件输送系统是不按固定节拍强迫运送工件的，而且也没有固定的顺序，甚至是几种工件混杂在一起输送的。也就是说，整个工件输送系统的工作状态是可以进行随机调度的，而且均设置有储料库以调节各工位上加工时间的差异。

物流系统主要完成两种不同的工作：一是工件毛坯、原材料、工具和配套件等由外界搬运进系统，以及将加工好的成品及换下的工具从系统中搬走；二是工件、工具和配套件等在系统内部的搬运和存储。在一般情况下前者是需要人工干预的，而后者可以在计算机的统一管理和控制下自动完成。

5.4.1　物料的输送与控制系统

在 FMS 中，目前比较实用的自动化物流系统执行搬运的机构主要有三种：有轨输送系统（如传输带、RGV）、无轨输送系统（如 AGV）、机器人传送系统。物料存储设备主要有：自动化仓库（包括堆垛机）、托盘站和刀具库。

自动化物料储运设备的选择与生产系统的布局和运行直接相关，且要与生产流程和生产设备类型相适应，对生产系统的生产效率、复杂程度、占用资金多少和经济效益都有较大的影响。图 5-25 所示为自动物料储运设备的组成及分类，其中堆垛起重机多用于设有立体仓

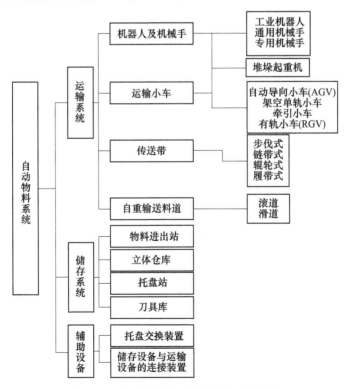

图 5-25　自动物料储运设备的组成及分类

库的系统。在刚性自动生产线或组合自动线中自动输送和传送输送比较多，而在柔性自动生产线中以运输小车和机器人作为自动物料搬运设备的比较普遍。物流系统的控制功能体系如图 5-26 所示，包括以下四个部分。

1. 有轨输送系统

有轨输送系统主要是指有轨运输小车（Rail Guided Vehicle，RGV），用于直线往返输送物料。一种是在铁轨上行走、由车辆上的电动机牵引；另外一种是链索牵引小车，它是在小车的底盘前后各装一个导向销，地面上布设一组固定路线的沟槽，导向销嵌入沟槽内，保证小车行进时沿着沟槽移动。这种有轨输送小车只能向一个方向运动，所以适合简单的环形运输方式，如图 5-27 所示。采用空架导轨和悬挂式机器人，也属有轨运输小车范畴。RGV 往返于加工设备、装卸站与立体仓库之间，按指令自动运行到指定的工位（加工工位、装卸工位、清洗站或立体仓库库位等）自动存取工件。

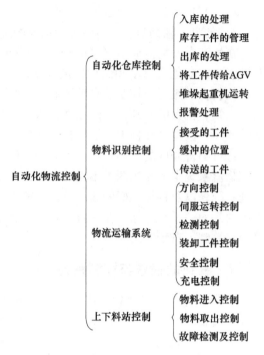

图 5-26　物流系统的控制功能体系

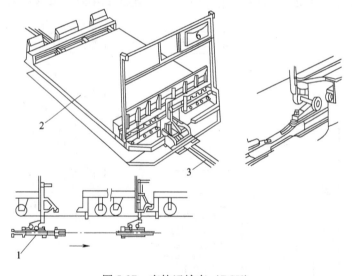

图 5-27　有轨运输车（RGV）
1—导向销　2—底板　3—沟槽（导轨）

有轨运输车有三种工作方式：

1）在线工作方式：运输车接受上位计算机的指令工作。

2）离线自动工作方式：可利用操作面板上的键盘来编制工件输送程序，然后按启动按钮，使其按所编程序运行。

3）手动工作方式：有轨运输车沿轨道方向有较高的定位精度要求（一般为±0.2mm），通常采用光电码盘检测反馈的半闭环伺服驱动系统。

有轨小车的特点如下：

1）有轨小车的加速过程和移动速度都比较快，适合搬运重型工件。

2）轨道固定，行走平稳，停车时定位精度较高，输送距离大。

3）控制系统相对于无轨小车来说要简单许多，因而制造成本较低，便于推广应用。

4）控制技术相对成熟，可靠性比无轨小车好。

5）缺点是一旦将轨道辅设好，就不便改动，另外转弯的角度不能太小。轨道一般宜采用直线布置。

2. 无轨输送系统

无轨输送系统主要是指无轨运输自动导向小车（Automatic Guide Vehicle，AGV）。AGV系统是目前自动化物流系统中具有较大优势和潜力的搬运设备，是高技术密集型产品。三十多年前，当AGV刚刚发明时，人们称之为无人驾驶小车。近年来，随着电子技术的进步，AGV系统具有了更多的柔性和功能，真正被各种类型的用户所接受，形成了现代自动化物流系统中的主要搬运系统之一。

AGV系统主要由运输小车、底层设备和系统控制器等三部分组成，如图5-28所示。

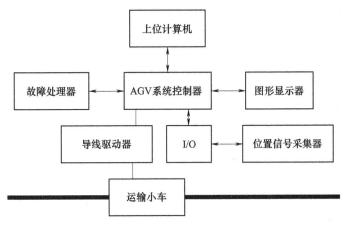

图 5-28　AGV 系统组成

图5-29为几种不同类型的无轨AGV制导系统，主要根据导引方式和行走方式分类。

目前在柔性制造系统中用得较多的是感应线导引式输送车物料输送装置，图5-30为感应线导引式输送车自动行驶的控制原理。控制行驶路线的控制导线埋于车间地面下的沟槽内，由信号源发出的高频控制信号在控制导线内流过。车体下部的检测线圈接收制导信号，当

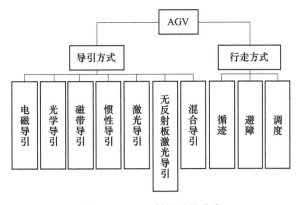

图 5-29　AGV 制导系统分类

车偏离正常路线时，两个线圈接收信号产生差值并作为输出信号，此信号经转向控制装置处理后，传至转向伺服电动机，实现转向和拨正行车方向。在停车地址监视传感器所发出的监视信号，经程序控制装置处理（与设定的行驶程序相比较）后，发令给传动控制装置，控制行驶电动机，实现输送车的起动、加减速、停止等动作。

图 5-31 为激光导航输送车的控制原理，AGV 的上部安装了激光扫描器，激光扫描器随 AGV 的行走，发出旋转的激光束。发出的激光束被沿 AGV 行驶路径铺设的多组反光板（全向反光板）直接反射回来，触发控制器记录旋转激光头遇到反光板时的角度。控制器根据这些角度值与实际的这组反光板的位置相匹配，计算出 AGV 的绝对坐标，基于这个原理就可以实现非常精确的激光导引。现阶段激光反光板导航是导航精度最高的导航方式之一，定位精度在毫米级，主要应用于叉车式 AGV 导航。

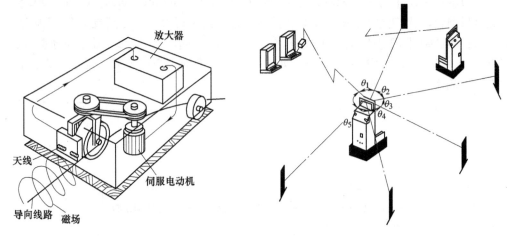

图 5-30 感应线导引式输送车自动行驶的控制原理　　图 5-31 激光导航输送车的控制原理

在柔性制造系统中，AGV 具有以下功能：

1）把工件、刀具和夹具传送到加工、排序和装配站，以及从加工、排序、装配站传送工件、刀具和夹具到指定地方。

2）把毛坯输送到加工单元。

3）从系统把加工完成的工件输送到装配地点。

4）把工件、刀具和夹具输送到自动存储和检索系统，以及从自动存储和检索系统把工件、刀具和夹具输送到其他地方。

5）传送废屑箱。

6）把托盘自动升、降到加工和排序里的短程运输机械上的记录位置，进行装卸工作。

AGV 与 RGV 的根本区别在于：AGV 是将导向轨道（一般为通有交变电流的电线）埋设在地面之下，由 AGV 自动识别轨道的位置并按照中央计算机的指令在相应的轨道上运行的"无轨小车"；而 RGV 是将轨道直接铺在地面上或架设在空中的"有轨小车"。AGV 还可以自动识别轨道分岔，因此 AGV 比 RGV 柔性更好。

无轨小车的特点如下：

1）配置灵活，可实现随机存取，几乎可完成任意回流曲线的输送任务。当主机配置有改动或增加时，很容易改变巡行路线及扩展服务对象。适应性、可变性好，具有一定的柔性。

2）由于不设输送轨道等固定式设备，因此不占用车间地面及空间，使机床的可接近性好，便于机床的管理和维修。

3）可保证物料分配及输送的优化，使用数量最少的托板。减少产品损坏和物流噪声。

4）使托板和其他物料储存库简化，并远离加工设备区。能够与各种外围系统，如机床、机器人和传输系统相连接。

5）AGV 能以低速运行，一般在 10~70m/min 范围内运行。通常 AGV 由微处理器控制，能同本区的控制通信，可以防止相互之间的碰撞，以及避免工件卡死的现象。

6）缺点是制造成本较高，技术难度较大。

由于 AGV 的上述优点，在柔性制造系统中采用 AGV 已成为一种明显的趋势，图 5-32 所示是一种 AGV 制导路径，为一系列环路和线段的连接。

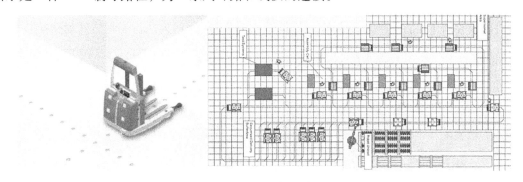

图 5-32　AGV 制导路径

3. 输送带输送系统

输送带的传动装置带动工件（或随行夹具）向前，在将要到达要求位置时，减速慢行使工件准确达到要求位置。工件（或随行夹具）定位、夹紧完毕后，传动装置使输送带快速复位。

传动装置有机械的、液压的和气动的。输送行程较短时一般多采用机械的传动装置，行程较长时常采用液压的传动装置，由于气动的传动装置的运动速度不易控制，传动输送不够平稳，因而应用较少。

1）直线式输送主要用于顺序传送，输送工具是各种传输带或自动输送小车，这种系统的储存容量很小，常需要另设储料库。

2）环形输送机床一般布置在环形输送线的外侧或内侧，输送工具除各种类型的轨道传输带外，还有自动输送车或架空轨道悬吊式输送装置。

为了将带有工件的托盘从输送线或输送小车送上机床，在机床前还必须设置往复式或回转式的托盘交换装置。

图 5-33 所示为六位往复式两托盘交换装置的基本形式，其工作原理是：机床加工完毕后，工作台横移至卸料位置，将装有加工好工件的托盘移至托盘工作台空位上，然后，工作台横移至装料位置，托盘交换装置再将待加工工件移至工作台上。往复式托盘交换装置也可具备多托盘位置，可以在机床前形成较短的排列，起到小型中间储料库的作用，补偿随机、

非同步生产的节拍差异。

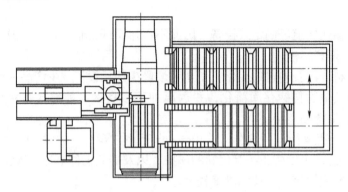

图 5-33　六位往复式两托盘交换装置

回转式托盘交换装置通常与分度工作台相似,有两位、四位和多位的,多位的托盘交换装置可以储存若干工件,所以也被称为托盘库。图 5-34a 所示为两位回转式托盘交换装置。

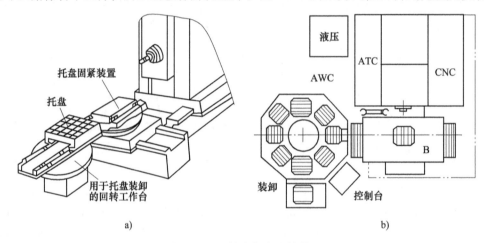

图 5-34　回转式托盘交换装置

回转式托盘交换装置其上有两条平行导轨供托盘移动导向用,托盘的移动和交换装置的回转通常由液压驱动。托盘交换装置有两个工作位置,前方是待交换位置,机床加工完毕后,交换装置从机床的工作台上移出装有工件的托盘,然后转过 180°,将装有工件的托盘再送到机床的加工位置。图 5-34b 为八工位的托盘库,具有一个装卸工位和一个交换工位。

5.4.2　FMS 的刀具管理系统

刀具管理水平的高低直接关系到企业的生产效率和生产成本,刀具管理需要既能保证生产线及时得到符合要求的所需刀具,又能使库存刀具数量保持在最低的必要水平上,使得流动资金的占用及其引起的财务费用降到最低,并能在发生刀具非正常消耗时做出及时和快速的反应,确保生产正常进行。因此需要在各个车间都配刀具管理系统,刀具管理得到了长足的发展。

刀具管理常用功能包括:刀具库存管理、刀具的优化调度、刀具的动态调度、刀具的寿命管理、刀具的数据管理、刀具识别、刀具自动调定、刀具的自动轨道运输、刀具的监控检测与外围设备的通信。

1. 刀具编码技术

随着科学技术的发展，数据量急剧膨胀，以前的手工记录已经不复存在，计算机技术进入企业管理领域已成为必然趋势。为了更好地管理数控车间内数量庞大的刀具，就必须要应用编码技术，这就需要设计一套编码系统来定义每把刀具，使刀具资料一目了然，且不容易漏记。因此，在刀具管理系统的设计过程中，首先要求建立一个典型刀具库，用于存储典型刀具信息；其次，为了便于用户管理和系统存储刀具信息的需要，还应该提供一个刀具分类编码标准，为唯一识别系统的刀具提供依据。

2. 刀具编码系统的意义

编码设计是数据库系统开发的前提条件，是系统不可缺少的重要内容。编码是指与原来名称对应的编号、符号或记号。它是进行信息交换、处理、传输和实现信息资源共享的关键。编码也用于指定数据的处理方法、区别数据类型并指定计算机处理的内容等，主要作用如下。

（1）有利于提供正确的刀具资料　由于刀具要经过请购、订购、验收、入库、领发、退库、记录等多个环节，再加之种类、数量繁多，容易造成名称错乱的现象，造成采购、验收、领发和记录不便。对刀具统一编码后，每一把刀具对应一种编码，同时也能克服由于手工作业而造成的刀具漏记现象。

（2）有利于计算机管理　有了良好的刀具编码，再配合计算机的使用，对刀具进行记录、统计、核算等操作能大大提高工作效率，这样才能有更多时间让刀具管理人员在刀具数量和现场整理方面下功夫，使刀具数量更加准确。

（3）有利于防止刀具舞弊事件的发生　刀具统一编码，并采用计算机管理后，对刀具管理流程就必须做出严格的控制，即规定原始单据的填制、审核，计算机资料的记录、审核和修改，应分别由不同人员按规定的程序进行管理。这样经过严格的程序控制后，可以减少舞弊事件的发生。

3. 刀具编码系统的方法——柔性分类编码

柔性分类编码是相对于传统的刚性分类编码概念提出来的，它是指分类编码系统横向码长度可以根据描述对象的复杂程度变化，即没有固定的码位设置和码位含义。柔性编码系统既要克服刚性编码系统描述的多义性，以及不能完整、详尽地描述零件特征的特点，又要继承刚性编码简单明了、便于记忆、检索和识别方便的优点。所以，刀具的柔性编码结构模型由固定码和柔性码构成。固定码用于描述零件的综合信息，如类别、总体尺寸、材料等，与传统编码系统相似；柔性码主要用于描述零件各个部分的详细信息，如零件的尺寸精度、公差等。

（1）柔性编码系统的原则　刀具分类的主要原则是科学性、系统性、可扩展性和兼容性。科学性即稳定性，要选准刀具最稳定、本质的信息作为分类的基础和依据，例如刀具的类别、材料、精度等本质属性是刀具永久性的特征；系统性即进行合理的排序，形成一个比较合理的分类体系；可扩展性即留有足够的空位，满足事物和概念变化的需要，安置新出现的信息；兼容性表示的是相关信息分类体系之间的协调性。由此可以得知柔性编码系统的原则亦是如此，其具体步骤是：

第一步：将刀具严格分类；

第二步：根据类别对每一大类再细分，直至只有刀具的具体规格参数不同为止；

第三步：由刀具自身的具体特性产生校验码。

关于刀具的分类编码，国际上还没有统一的标准，各国的不同厂家均采用自行设计的代码系统，我国云南 CY 集团有限公司于 2016 年首次发布（Q_YJ W030-2016）刀具编码规则，其总体通用规则需要遵循：

唯一性：每种规格的刀具或辅具对应唯一的一个代码；

系统性：尽量使代码结构中的每一位都具有实际意义，即尽量适应组织的全部功能需要，并且从信息系统的全局结构考虑，便于分类识别和形成一个系统化的代码体系；

可扩展性：要考虑将来可能扩展的需要；

通用性：简洁明了，适用面广，通用性强，便于记忆和校验，位数较少，并且尽可能照顾用户的使用习惯；

高效率：适合计算机处理，检索查询效率高；

代码要等长：对不同种类和规格的刀具应保持代码长度不变。

（2）信息编码的检错方法　编码作为信息系统的处理对象，其正确性具有决定性的影响。为防止在输入、转换等过程中发生错误，系统采用以下措施：固定码逐字比较，柔性码部分设置校验码。校验码是在编码结构设计的基础上，通过事先规定好的数学方法计算出来的。校验码为一位，附在原编码的后面，与原编码一起构成编码对象的编码。使用时，校验码与原编码一起输入系统，由计算机用同样的数学方法，按输入的代码计算出校验码，并将它与输入校验码进行比较，以检查输入是否有错。利用校验码可以检查出代码的各种错误，如易位错误、抄写错误和随机错误。

系统的校验码产生方法的计算步骤如下：

① 加权求和，如果编码为 C_1，C_2，$\cdots$，C_n，加权因子为 P_1，P_2，$\cdots$，P_n，则 $S = \sum\limits_{i=1}^{n} C_i P_i$，加权因子可选为算术级数 1，2，$\cdots$。

② 以模除获得余数，即 $R = S \bmod M$，其中 R 为余数，M 为模，在这里取为 10。

③ 将余数作为校验码，附在原编码之后，形成最终的代码。

④ 将模和余数之差作为校验码，附加在原编码之后，即 $C_{n+1} = R$，或 $C_{n+1} = M - S$，其中 C_{n+1} 为校验码。

例如：原编码为 DXCRS501635200102，权为 1，2，$\cdots$，12；模为 10，加权和为 $S = \sum\limits_{i=1}^{n} C_i P_i = 125$，则校验码 $R = S \bmod M = 5$，所以带校验码的编码为 DXCRS5016352001025。

用校验码检错的过程：如果编码为 C_1，C_2，$\cdots$，C_n，C_{n+1}，其中 C_{n+1} 为校验码，输入时对编码每一位乘以它原来的权值，其中校验码的权值为 1，用所得的和除以模得余数 T，即 $T = (\sum\limits_{i=1}^{n} C_i P_i + C_{n+1}) \bmod M$，如果 $T = 0$，则编码正确；否则，表示编码出错。

4. 刀具识别技术

为了实现刀具的信息化管理，除了能正确科学地将刀具进行编码，还要能使计算机管理系统能够识别刀具，"读懂"刀具信息。下面介绍几种常用的刀具识别的方法。

（1）刀具编码环识别 刀具编码是刀具识别的前提，不同刀具管理系统采用的编码方法和目标也许并不相同，但是，让一个刀具码唯一地对应着一把刀具则是它们都应达到的相同目标。早期，刀具识别系统编码环具体代替刀具码。编码环安装在刀柄尾部的拉钉上，编码环的凸圆环面和凹圆环面分别表示"1"和"0"，它们组合起来就是一个二进制的刀具码。读码器的触头能与凸圆环面接触，而不能与凹圆环面接触，所以能把凸凹几何状态转变成电路通断状态，即"读"出二进制的刀具码。由于编码环刀具识别系统可靠性差，使用寿命短（接触式，磨损大），目前基本上不使用这种方式，因而被条形码刀具识别系统所取代。

（2）条形码刀具识别系统 条形编码系统是目前应用最多的识别系统。每个组装好并经过预调的新刀具都按照编码系统的要求进行编码，条形码打印机对给定的编码打印条形码标签，然后将条形码粘在刀柄上，以便在系统外标识刀具。新刀具出入库和进入制造单元前，通过条形码阅读机将条形码转化为计算机能识别的刀具编码，这样计算机便可以通过追踪刀具编码来跟踪每把刀具的实际情况。条形码刀具识别系统优点是使用寿命长、成本低、操作简单；但由于条形码标签防油污性能差，国外已开始使用磁芯码和芯片代替条形码。

（3）刀具管理系统中的 RFID 技术 射频识别（Radio Frequency Identification，RFID）技术，俗称电子标签，是 20 世纪 90 代开始兴起并逐渐走向成熟的一种自动识别技术，利用射频信号通过空间耦合（交变磁场或电磁场）实现无接触信息传递并通过所传递的信息达到识别目的的技术。目前 RFID 技术在工业自动化、物体跟踪、交通运输控制管理、防伪和军事用途方面已经有着广泛的应用。RFID 技术在刀具管理系统应用中主要优点是耐污染、可读取距离长、可识别高速运动物体、可擦写信息、储存数据容量大、可同时识别多个标签等。

（4）标识块识别系统 "标识块识别系统"即国外产品样本上的"ID 系统"，与条形码相比，该系统的突出优点是：抗环境污染能力强，存载的信息量大并可多次重写存储的数据。

1）标识块识别原理。标识块识别系统由标识块、读写器、识别控制单元三个基本部件组成，如图 5-35 所示。

标识块：是信息的载体，它与被监视的刀具连接，块内存储着该刀具的数据，借助标识块能使信息与刀具同步流动；

读写器：是标识块和识别控制单元之间的信息桥梁，它能读出标识块内的数据，或者把数据写入块内；

识别控制单元：是标识块识别系统与可编程控制器（PLC）或上位计算机的接口。

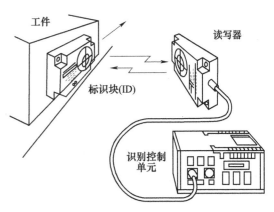

图 5-35 标识块识别系统

标识块识别原理如图 5-36 所示，可以看出，标识块与读写器之间是以电磁感应方式传递数据的。给标识块写入的数据是从识别控制单元输送给读写器的 0、1 信号，写数据就是将 0、1 信号编码，经 LC 振荡器调制后传送给标识块存储起来。读数据的过程则相反：依据内存信息，控制电路驱动线圈动作，把标识块存储的数据传送给读写器。

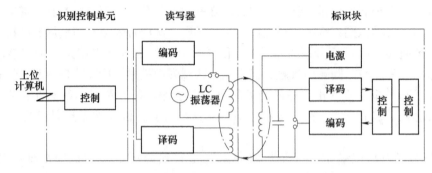

图 5-36　标识块识别原理

2）标识块刀具识别系统。标识块刀具识别系统的元器件较小。所示标识块为短圆柱体，它嵌在刀柄侧面（也可以嵌在拉钉的尾部）。存储在标识块内的信息由用户设置。系统中常见刀具信息分为四类：管理信息，包括刀具编码、刀具名称、刀具类型、刀具材料、刀具用途、简图编号、入库时间等；动态信息，包括刀具状态、刀具位置、位置编号、耐用度、寿命、补偿长度、补偿半径等；加工信息，包括加工精度、刀具用途、加工精度及范围、加工表面粗糙度、适用机床类型等；几何参数，包括刀具长度、前角、后角、主偏角、刃倾角等。标识块的数据可以重写一万次，数据可以保存十年。

5.4.3　柔性制造系统应用案例

午夜快车板材加工 FMS 生产线是由芬兰著名跨国机床生产企业 FINN-POWER 研制，如图 5-37 所示。国内某电器制造类企业引进，投入

图 5-37　午夜快车板材加工 FMS 生产线

使用后对加快该企业的制造信息化进程，缩短新产品研发和制造周期，提升产品市场竞争力都起到了推动作用，已经获得显著的经济效益。其构成与加工流程如下：

1）立体仓库 NTW3200 和中央计算机。立体仓库主要用于码放原材料及其冲剪成品的暂存；中央计算机主要用于对本条流水线加工的控制，以及对板材加工程序的编制。

2）冲剪中心上料台。冲剪中心上料台主要对从立体仓库取出的原材料的码放，及用自动上料装置的板料输送到冲剪单元。冲剪中心上料台如图 5-38 所示。

3）冲剪中心。冲剪中心主要对板料按所编零件的程序冲、剪操作。冲剪中心如图 5-39 所示。

图 5-38　冲剪中心上料台

4）自动下料码垛装置。自动下料码垛装置主要对从冲剪单元下来的成品或半成品进行码放。自动下料码垛装置如图 5-40 所示。

5）自动折弯单元上料装置。自动折弯单元上料装置主要对要经过曲弯工序的零件的码放，以及传动到自动曲弯机操作台上。自动折弯单元上料装置如图 5-41 所示。

6）自动折弯单元。自动折弯单元主要对曲弯零件进行曲弯操作。自动折弯单元如图5-42所示。

图 5-39　冲剪中心

图 5-40　自动下料码垛装置

图 5-41　自动折弯单元上料装置

7）板材出入站台。板材出入站台主要对原材料的出入起识别、监控等作用。板材出入站台如图 5-43 所示。

图 5-42　自动折弯单元

图 5-43　板材出入站台

思考题与习题

5-1　FMS 的基本控制由_____、_____、_____三个子系统构成。

5-2　简述柔性制造所采用的关键技术。

5-3 生产设备的布置最为关键，简述设备布置的几种方式。

5-4 简述刀具管理常用功能。

5-5 简单回答装配的概念，说明什么是装配的层次性和有序性？

5-6 什么是装配优先图？它有什么作用？图中的节点、箭线和数字各代表什么含义？

5-7 柔性装配线与刚性装配线相比有何优越性？

5-8 装配线由哪些部分组成？各部分一般采用哪些设施和设备？

5-9 什么是装配线平衡？装配线平衡的方法和步骤是什么？

5-10 图 5-44 所示为某装配线新接收订单产品的装配优先图。试以图 5-44 为原装配线，对其进行柔性化改造，给定装配线生产节拍为 5.5min。

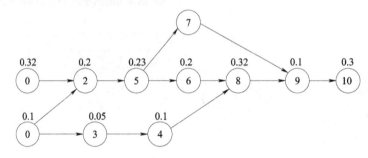

图 5-44 装配优先图

第6章 数控机床与自动化工厂

6.1 概述

工厂生产自动化是指不需要人直接参与操作，而由机械设备、仪表和自动化装置来完成产品的全部或部分加工的生产过程。生产自动化的范围很广，包括加工过程自动化、物料存储和输送自动化、产品检验自动化、装配自动化和产品设计及生产管理信息处理的自动化等。在生产自动化的条件下，人的职能主要是系统设计、组装、调整、检验、监督生产过程、质量控制以及调整和检修自动化设备和装置。机械工业属于非连续性生产，与化工、冶金、轻工等连续流程生产相比，实现自动化的难度较大。20世纪60年代以来，随着仪表自动检测技术、电子技术，尤其是计算机技术的发展，出现了数控机床、加工中心和工业机器人等，机械工业生产自动化有了新的突破。机械工业生产自动化从规模上分为单机自动化、自动生产线、柔性生产线、自动化车间和自动化工厂等。从20世纪80年代开始还出现了一种以实现生产过程优化为目标的集成计算机辅助生产系统。它充分利用计算机技术，把市场预测、订货、产品设计、生产计划及监督材料元件准备、加工、装配、检测、产品试验和包装发货等过程组成一个完整的有机生产系统。多数部门的生产管理工作都可以借助于多台多层次计算机的功能，实现更高级形式的自动化（包括设计信息的检索和计算、方案比较、图形设计、生产工艺程序安排、数据处理和存储等），不但可以大大简化机械工厂的复杂管理过程，还可以全面提高企业的管理水平。

1. 单机自动化

借助半自动机和自动机实现部分生产活动的自动化。半自动机可自动地完成工序的基本作业，一个工作周期结束时能自动停车，但重新开始另一周期时，必须由工人起动或完成部分辅助作业。在机器开动时，人可以离开设备去操作第二台机床，从而为实现多机看管创造了条件。自动机是具有一定自我调节功能的工作机，除质量检验和整机调整外，它能自动实现加工循环的所有工作。

2. 自动生产线

自动生产线由工件传送装置连接起来具有统一控制装置的连续生产的自动化机械系统。在自动生产线上，生产过程无人参与操作。人的任务仅在于监督、周期性调整和更换切削工具。自动生产线已在机械工业许多方面得到应用，它可以完成零件的机械加工，还可以完成毛坯加工、金属热处理、焊接、表面处理、产品装配和包装等生产过程。采用自动生产线能使全部生产过程保持高度连续性，并显著地缩短生产周期，减少工序间的在制品数量和简化计划编制工作，使产品的运输线路达到短的限度。

3. 柔性生产线

柔性生产线可适应多品种、小批量生产形式的自动化生产系统，即柔性制造系统。运用成组技术把特征近似（尺寸、工艺等相似）的零件合并为一组零件模式。这种零件模式可以用框图设计，根据需要填上尺寸；也可以利用计算机把图形变成数据存储起来，在设计时调出修改后绘出图样，或直接把这个数据输入到机床的数控系统，这种系统可以自动决定机床的加工条件、使用的工具和移动轨道等。如果由一组数控机床加上机械传输装置和自动组装机械连接成生产线，就可以根据需要把设计→工艺→加工→装配组成一个可编程序的自动化生产系统。当一组零件生产批量结束时，即可按规定自动调整，开始生产另一组零件。这就是可编可调的自动生产线，即柔性生产线。这种生产线既可适应产品更新换代快的特点，又可以利用流水线生产的高效率来降低生产成本。

4. 自动化车间和自动化工厂

以自动生产线柔性制造系统为基础的自动化车间，加上信息管理、生产管理自动化，形成了自动化生产工厂。这是生产自动化的高级形式，这种形式也称为自动化或无人化工厂。它是由计算机控制的集成自动化工厂，采用数控机床、工业机器人、厂内数据收集系统、智能化检测系统等，实现工厂全盘自动化，只需要少数巡视和保卫人员，全面实现计算机分级控制，用集成软件系统使厂内各个单元工件程序化和协调化。

6.2　工业机器人

6.2.1　工业机器人定义及组成

工业机器人是机器人家族中的重要一员，也是目前在技术上发展最成熟、应用最多的一类机器人。世界各国对工业机器人的定义不尽相同。

美国工业机器人协会（RIA）的定义是：机器人是设计用来搬运物料、部件、工具或专门装置的可重复编程的多功能操作器，并可通过改变程序的方法来完成各种不同任务。

日本工业机器人协会（JIRA）的定义是：工业机器人是一种装备有记忆装置和末端执行器的，能够完成各种移动来代替人类劳动的通用机器。

德国标准（VDI）中的定义是：工业机器人是具有多自由度的、能进行各种动作的自动机器，它的动作是可以顺序控制的，轴的关节角度或轨迹可以不靠机械调节，而由程序或传感器加以控制。工业机器人具有执行器、工具及制造用的辅助工具，可以完成材料搬运和制造等操作。

国际标准化组织（ISO）的定义为：机器人是一种自动的、位置可控的、具有编程能力的多功能机械手，这种机械手具有几个轴，能够借助于可编程序操作来处理各种材料、零件、工具和专用装置，以执行各种任务。目前国际上大多采用 ISO 的定义。

我国科学家对机器人的定义是：机器人是一种自动化的机器，它具备一些与人或生物相似的智能能力，如感知能力、规划能力、动作能力和协同能力，是一种具有高度灵活性的自动化机器。

国际上第一台工业机器人产品诞生于 20 世纪 60 年代，当时其作业能力仅限于上、下料这类简单的工作，此后机器人进入了一个缓慢的发展期。

直到 20 世纪 80 年代，机器人产业才得到了巨大的发展，成为机器人发展的一个里程碑，1980 年被称为"机器人元年"。为满足汽车行业蓬勃发展的需要，这个时期开发出点焊机器人、弧焊机器人、喷涂机器人以及搬运机器人这四大类型的工业机器人，其系列产品已经成熟并形成产业化规模，有力地推动了制造业的发展。为了进一步提高产品质量和市场竞争力，装配机器人及柔性装配线又相继开发成功。

进入 20 世纪 80 年代以后，装配机器人和柔性装配技术得到了广泛的应用，并进入一个大发展时期。现在工业机器人已发展成为一个庞大的家族，并与数控（CN）、可编程控制器（PLC）一起成为工业自动化的三大技术，应用于制造业的各个领域之中。

工业机器人由本体、驱动系统和控制系统三个基本部分组成。本体即机座和执行机构，包括臂部、腕部和手部，有的机器人还有行走机构，如图 6-1 和图 6-2 所示。大多数工业机器人有 3~6 个运动自由度，其中腕部通常有 1~3 个运动自由度；驱动系统包括动力装置和传动机构，用以使执行机构产生相应的动作；控制系统是按照输入的程序对驱动系统和执行机构发出指令信号，并进行控制。

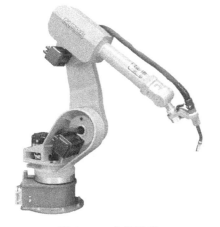

图 6-1　工业机械手

图 6-2　工业机器人在企业中的角色

工业机器人按臂部的运动形式分为四种：直角坐标型工业机器人的臂部可沿三个直角坐标移动；圆柱坐标型工业机器人的臂部可做升降、回转和伸缩动作；球坐标型工业机器人的臂部能回转、俯仰和伸缩；关节型工业机器人的臂部有多个转动关节。

工业机器人按执行机构运动的控制机能又可分点位型和连续轨迹型。点位型工业机器人只控制执行机构由一点到另一点的准确定位，适用于机床上下料、点焊和一般搬运、装卸等作业；连续轨迹型工业机器人可控制执行机构按给定轨迹运动，适用于连续焊接和涂装等作业。

工业机器人按程序输入方式分为编程输入型和示教输入型两类。编程输入型工业机器人是将计算机上已编好的作业程序文件，通过串口或者以太网等通信方式传送到机器人控制柜。示教输入型工业机器人的示教方法有两种：一种是由操作者用手动控制器（示教操纵盒），将指令信号传给驱动系统，使执行机构按要求的动作顺序和运动轨迹操演一遍；另一种是由操作者直接领动执行机构，按要求的动作顺序和运动轨迹操演一遍。在示教过程的同时，工作程序的信息即自动存入程序存储器。在工业机器人自动工作时，控制系统从程序存储器中检出相应信息，将指令信号传给驱动机构，使执行机构再现示教的各种动作。示教输入程序的工业机器人称为示教再现型工业机器人。

具有触觉、力觉或简单的视觉的工业机器人，能在较为复杂的环境下工作；如具有识别功能或更进一步增加自适应、自学习功能，即成为智能型工业机器人。它能按照人给的"宏指令"自选或者自编程序去适应环境，并自动完成更为复杂的工作。

6.2.2 工业机器人性能特征及结构

工业机器人以刚性高的机械手臂为主体，与人相比，可以有更快的运动速度，可以搬运更重的东西，而且定位精度更高。它可以根据外部来的信号，自动进行各种操作。

工业机器人是应用计算机进行控制的替代人进行工作的高度自动化系统，是典型的机电一体化产品。

工业机器人在实现智能化、多功能化、柔性自动化生产，提高产品质量，代替人在恶劣环境条件下工作中发挥重大作用。

1. 工业机器人的本体

以六轴工业机器人为例，机器人本体由机座、腰部、大臂、小臂、手腕、末端执行器和驱动装置组成，如图6-3所示。它有六个自由度，依次为腰部回转、大臂俯仰、小臂俯仰、手腕回转、手腕俯仰和手腕侧摆。机器人采用电动机驱动，电动机分为步进电动机或交流伺服电动机。交流伺服电动机能构成闭环控制，精度高，额定转速高，在工业现场应用较多，而步进电动机驱动具有成本低、控制系统简单的特点。

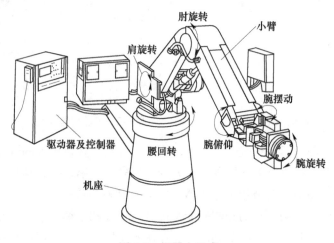

图 6-3　机器人组成

各部件组成和功能描述如下：

1）机座：是机器人的基础部分，起支撑作用。整个执行机构和驱动装置都安装在机座上。

2）腰部：是机器人手臂的支撑部分，腰部回转部件包括腰部支架、回转轴、支架、减速器、制动器、驱动电动机和动力机构等。

3）大臂：包括大臂和传动部件。

4）小臂：包括小臂、减速齿轮箱、传动部件、传动轴等。根据实际的不同结构，安装驱动电动机的方式主要分为电动机前置型和电动机后置型，如图 6-4 所示。

a) 驱动电动机前置型　　　　　　　　　　　　　　b) 驱动电动机后置型

图 6-4　驱动电动机安装位置

5）手腕部件：包括手腕壳体、传动齿轮和传动轴、机械接口等。

6）末端执行器：可根据抓取物体的形状、材质等选择合理的结构。

目前，在工业机器人中广泛采用的机械传动单元是减速器，与通用减速器相比，机器人关节减速器要求具有传动链短、体积小、功率大、自重轻和易于控制等特点。常用的减速器主要有 RV 减速器和谐波减速器。RV 减速器一般用在腰关节、肩关节和肘关节等重载位置处，而谐波减速器用于手腕的三个关节等轻载位置处。

（1）谐波减速器　谐波减速器由固定的刚性内齿轮、一个工作时可产生径向弹性变形并带有外齿的柔轮和一个装在柔轮内部、呈椭圆形、外圈带有柔性滚动轴承的波发生器三个基本构件组成。当波发生器转入柔轮后，迫使柔轮的剖面由原先的圆形变为椭圆形，其长轴两端附近的齿与刚轮的齿完全啮合，而短轴两端附近的齿则与刚轮完全脱开，周长上其他区段的齿处于啮合和脱离的过渡状态，如图 6-5a 所示。

（2）RV 减速器　与谐波减速器相比，RV 减速器具有较高的疲劳强度和刚度以及较长的寿命，而且回差精度稳定，不像谐波传动，随着使用时间的增长，运动精度就会显著降低，故高精度机器人传动多采用 RV 减速器，且有取代谐波减速器的趋势。RV 减速器是由第一级渐开线圆柱齿轮行星减速机构和第二级摆线针轮行星减速机构组成，是一封闭差动轮系，如图 6-5b 所示。

a) 谐波减速器　　　　　b) RV 减速器

图 6-5　机器人减速器

目前，在工业机器人中常用的驱动电动机是交流伺服电动机。交流伺服电动机为恒力矩输出，即在其额定转速（一般为 2000r/min 或 3000r/min）以内，都能输出额定转矩，在额定转速以上为恒功率输出。交流伺服电动机具有较强的速度过载和转矩过载能力，其最大转矩可达额定转矩的三倍，可用于克服惯性负载在起动瞬间的惯性力矩。电动机的输出转矩与功率的关系如下：

$$T_N = 9550 \frac{P_N}{n_N}$$ (6-1)

式中 T_N——转矩（N·m）；

    P_N——功率（kW）；

    n_N——转速（r/min）。

2. 工业机器人的技术指标

机器人的技术指标反映了机器人的适用范围和工作性能，是选择、使用机器人必须考虑的问题。图 6-6 给出了华数 HSR-JR680 机器人参数。

项　目		参　数
自由度		6
额定负载		80kg
最大工作半径		2200.4mm
重复定位精度		±0.07mm
运动范围	J1	±180°
	J2	-160°/70°
	J3	+10°/265°
	J4	±360°
	J5	±110°
	J6	±360°
额定速度	J1	85°/s，1.48rad/s
	J2	85°/s，1.48rad/s
	J3	104°/s，1.81rad/s
	J4	177°/s，3.08rad/s
	J5	155°/s，2.7rad/s
	J6	187°/s，3.26rad/s
最高速度	J1	127.5°/s，2.22rad/s
	J2	127.5°/s，2.22rad/s
	J3	104°/s，1.81rad/s
	J4	177.5°/s，3.08rad/s
	J5	155.5°/s，2.7rad/s
	J6	187.5°/s，3.26rad/s
容许惯性矩	J6	25kg·m²
	J5	32.7kg·m²
	J4	32.7kg·m²
容许扭矩	J6	330N·m
	J5	340N·m
	J4	400N·m

图 6-6　华数 HSR-JR680 机器人参数

1）自由度：自由度可以用机器人的轴数进行解释，机器人的轴数越多，自由度就越多，机械结构运动的灵活性就越大，通用性越强。但是自由度增多，使得机械臂结构变得复杂，会降低机器人的刚性。当机械臂上自由度多于完成工作所需要的自由度时，多余的自由度就可以为机器人提供一定的避障能力。

2）最大负载：作用于机器人手腕末端，且不会使机器人性能降低的最大载荷。

3）定位精度：又称绝对定位精度，是指机器人末端执行器实际到达位置与目标位置之间的差异。

4）重复定位精度：指机器人重复到达某一目标位置的差异程度；或在相同的位置指令下，机器人连续重复若干次其位置的分散情况。一般而言，工业机器人的绝对定位精度要比重复定位精度低一到两个数量级，其原因是未考虑机器人本体的制造误差、工件加工误差及工件定位误差情况下使用机器人的运动学模型来确定机器人末端执行器的位置。

5）最大工作速度：在各轴联动情况下，机器人手腕中心所能达到的最大线速度。最大工作速度越高，生产效率就越高。

6.2.3　控制系统介绍

1. 工业机器人的控制系统

机器人控制系统是机器人的大脑，是决定机器人功能和性能的主要因素。机器人控制器是根据指令以及传感信息控制机器人完成一定动作或作业任务的装置。工业机器人控制技术的主要任务就是控制工业机器人在工作空间中的运动位置、姿态和轨迹、操作顺序及动作的时间等，具有编程简单、软件菜单操作方便、友好的人机交互界面、在线操作提示和使用方便等特点。

（1）基本功能　其基本功能如下：

1）示教功能：分为在线示教和离线示教两种方式。

2）记忆功能：存储作业顺序、运动路径和方式及与生产工艺有关的信息等。

3）与外围设备联系功能：包括输入/输出接口、通信接口、网络接口等。

4）传感器接口：位置检测、视觉、触觉、力觉等。

5）故障诊断安全保护功能：运行时的状态监视、故障状态下的安全保护和自诊断。

（2）关键技术　其关键技术包括：

1）开放性模块化的控制系统体系结构：采用分布式 CPU 计算机结构，分为机器人控制器（RC）、运动控制器（MC）、光电隔离 I/O 控制板、传感器处理板和编程示教盒等。机器人控制器和编程示教盒通过串口/CAN 总线进行通信。机器人控制器的主计算机完成机器人的运动规划、插补和位置伺服以及主控逻辑、数字 I/O、传感器处理等功能，而编程示教盒完成信息的显示和按键的输入。

2）模块化层次化的控制器软件系统：软件系统建立在基于开源的实时多任务操作系统 Linux 上，采用分层和模块化结构设计，以实现软件系统的开放性。整个控制器软件系统分为三个层次：硬件驱动层、核心层和应用层。三个层次分别面对不同的功能需求，对应不同层次的开发，系统中各个层次内部由若干个功能相对独立的模块组成，这些功能模块相互协作共同实现该层次所提供的功能。

3）机器人的故障诊断与安全维护技术：通过各种信息，对机器人故障进行诊断，并进行相应维护，是保证机器人安全性的关键技术。

4）网络化机器人控制器技术：当前机器人的应用工程由单台机器人工作站向机器人生产线发展，机器人控制器的联网技术变得越来越重要。控制器上具有串口、现场总线及以太网的联网功能，可用于机器人控制器之间和机器人控制器同上位机的通信，便于对机器人生产线进行监控、诊断和管理。

（3）分类　根据计算机结构、控制方式和控制算法的处理方法，机器人控制器又可分为集中式控制器和分布式控制器。

1）集中式控制器：利用一台微型计算机实现系统的全部控制功能。其优点是硬件成本较低，便于信息的采集和分析，易于实现系统的最优控制，整体性与协调性较好，基于 PC 的硬件扩展方便。其缺点是灵活性、可靠性、实时性较差。

2）分布式控制器：主要思想是"分散控制，集中管理"。分布式系统常采用两级控制方式，由上位机和下位机组成。上位机（机器人主控制器）负责整个系统管理以及运动学计算、轨迹规划等，下位机由多 CPU 组成，每个 CPU 控制一个关节运动。上、下位机通过通信总线相互协调工作。其优点是系统灵活性好、可靠性提高、响应时间短，有利于系统功能的并行执行。

工业机器人的控制系统需要由相应的硬件和软件组成，硬件主要由传感装置、控制装置及关节伺服驱动部分组成，软件包括运动轨迹规划算法和关节伺服控制算法与相应的工作程序。传感装置分为内部传感器和外部传感器，内部传感器主要用于检测工业机器人内部的各关节的位置、速度和加速度等，而外部传感器是可以使工业机器人感知工作环境和工作对象状态的视觉、力觉、触觉、听觉、滑觉、接近觉、温度觉等传感器。控制装置用于处理各种感觉信息，执行控制软件，产生控制指令。关节伺服驱动部分主要根据控制装置的指令，按作业任务的要求驱动各关节运动。

2. 工业机器人的运动轨迹与位置控制

机器人的作业实质是控制机器人末端执行器的位姿，以实现点位运动或连续路径运动。

1）点位运动（PTP）。点位运动只关心机器人末端执行器运动的起点和目标点位姿，而不关心这两点之间的运动轨迹。

2）连续路径运动（CP）。连续路径运动不仅关心机器人末端执行器达到目标点的精度，而且必须保证机器人能沿所期望的轨迹在一定精度范围内重复运动。机器人连续路径运动的实现是以点位运动为基础，通过在相邻两点之间采用满足精度要求的直线或圆弧轨迹插补运算，从而实现轨迹的连续化。机器人再现时，主控制器（上位机）从存储器中逐点取出各示教点空间位姿坐标值，通过对其进行直线或圆弧插补运算，生成相应路径规划，然后把各插补点的位姿坐标值通过运动学逆解运算换成关节角度值，分送机器人各关节或关节控制器。

工业机器人控制方式有不同的分类，如按被控对象不同可分为位置控制、速度控制、加速度控制、力控制、力矩控制、力和位置混合控制等，而位置控制是工业机器人的基本控制任务。

6.2.4　工业机器人的轨迹规划

1. 机器人规划的基本概念

所谓机器人的规划，指的是机器人根据自身的任务，求得完成这一任务解决方案的过程。这里所说的任务具有广义的概念，既可以指机器人要完成的某一具体任务，也可以是机器人的某个动作，比如手部或关节的某个规定的动作等。为说明机器人规划的概念，请看下面的例子：

在一些老龄化比较严重的国家，开发了各种各样的机器人专门用于伺候老人，这些机器人有不少是采用声控的方式。比如主人用声音命令机器人"给我倒一杯开水"，先不考虑机器人是如何识别人的自然语言，而是着重分析一下机器人在得到这样一个命令后，如何来完成主人交给的任务。

首先，机器人应该把任务进行分解，把主人交代的任务分解成为"取一个杯子""找到水壶""打开水壶""把水倒入杯中""把水送给主人"等一系列子任务。这一层次的规划称为任务规划（Task Planning），它完成总体任务的分解。

然后再针对每一个子任务进行进一步的规划。以"把水倒入杯中"这一子任务为例，可以进一步分解成为"提起水壶到杯口上方""把水壶倾斜""把水壶竖直""把水壶放回原处"等一系列动作，这一层次的规划称为动作规划（Motion Planning），它把实现每一个子任务的过程分解为一系列具体的动作。

为了实现每一个动作，需要对手部的运动轨迹进行必要的规定，这是手部轨迹规划（Hand Trajectory Planning）。为了使手部实现预定的运动，就要知道各关节的运动规律，这是关节轨迹规划（Joint Trajectory Planning）。最后才是关节的运动控制（Motion Control）。

上述例子可以看出，机器人的规划是分层次的，从高层的任务规划、动作规划到手部轨迹规划和关节轨迹规划，最后才是底层的控制。在上述例子中没有讨论力的问题，实际上，对有些机器人来说，力的大小也是要控制的，这时，除了手部或关节的轨迹规划，还要进行手部和关节输出力的规划。

智能化程度越高，规划的层次越多，操作就越简单。

对工业机器人来说，高层的任务规划和动作规划一般是依赖人来完成的。一般的工业机器人不具备力的反馈，所以，工业机器人通常只具有轨迹规划和底层的控制功能。要实现人机协同装配，则人也负责完成轨迹形状（直角空间）和时间（人的动作时间）的规划，怎么使机器人理解人的轨迹形状并得到关节转角、速度、加速度等呢？

轨迹规划的目的是将操作人员输入的简单的任务描述变为详细的运动轨迹描述，如图6-7所示。例如，对一般的工业机器人来说，操作员可能只输入机械手末端的目标位置和方位，而规划的任务便是要确定出达到目标的关节轨迹的形状、运动的时间和速度等。这里所说的轨迹是指随时间变化的位置、速度和加速度。简言之，机器人的工作过程，就是通过规划，将要求的任务变为期望的运动和力（通过机器人动力学方程得到末端的输出力与转矩，如何控制机器人末端输出的力和转矩呢），由控制环节根据期望的运动和力的信号，产生相应的控制作用，以使机器人输出实际的运动和力，从而完成期望的任务。这一过程表述如图6-8所示。这里，机器人实际运动的情况通常还要反馈给规划级和控制级，以便对规划和控制的结果做出适当的修正。

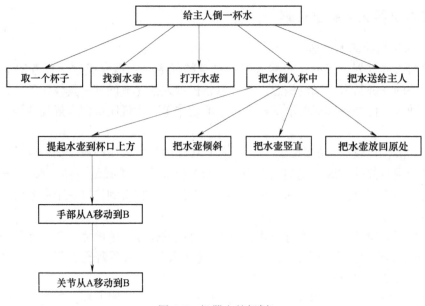

图 6-7　机器人的规划

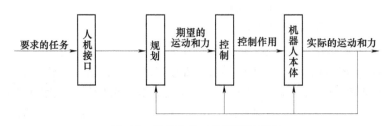

图 6-8　机器人的工作原理示意图

图 6-8 中，要求的任务由操作人员输入给机器人，为了使机器人操作方便、使用简单，必须允许操作人员给出尽量简单的描述。期望的运动和力是进行机器人控制所必需的输入量，它们是机械手末端在每一个时刻的位姿和速度，对于绝大多数情况，还要求给出每一时刻期望的关节位移和速度，有些控制方法还要求给出期望的加速度等。

2. 机器人 PTP 控制和 CP 控制

（1）PTP（Point To Point）控制　通常只给出机械手末端的起点和终点，有时也给出一些中间经过点，所有这些点统称为路径点。应注意这里所说的"点"不仅包括机械手末端的位置，而且包括方位，因此描述一个点通常需要六个量。同时希望机械手末端的运动是光滑的，即它具有连续的一阶导数，有时甚至要求具有连续的二阶导数。不平滑的运动容易造成机构的磨损和破坏，甚至可能激发机械手的振动。因此规划的任务便是要根据给定的路径点规划出通过这些点的光滑的运动轨迹。

（2）CP（Continuous Path）控制　机械手末端的运动轨迹是根据任务的需要给定的，但是它也必须按照一定的采样间隔，通过逆运动学计算，将其变换到关节空间，然后在关节空间中寻找光滑函数来拟合这些离散点。最后，还有在机器人的计算机内部如何表示轨迹，以及如何实时地生成轨迹的问题。

3. 关节空间轨迹规划和直角空间轨迹规划

轨迹规划问题又可以分为关节空间的轨迹规划和直角空间的轨迹规划。

（1）关节空间轨迹规划　关节空间法首先将在工具空间中期望的路径点，通过逆运动学计算，得到期望的关节位置，然后在关节空间内，给每个关节找到一个经过中间点到达目的终点的光滑函数，同时使得每个关节到达中间点和终点的时间相同，这样便可保证机械手工具能够到达期望的直角坐标位置。这里只要求各个关节在路径点之间的时间相同，而各个关节的光滑函数的确定则是互相独立的。下面具体介绍在关节空间内常用的规划方法：

三次多项式函数插值，考虑机械手末端在一定时间内从初始位置和方位移动到目标位置和方位的问题。利用逆运动学计算，可以首先求出一组起始和终了的关节位置。现在的问题是求出一组通过起点和终点的光滑函数。满足这个条件的光滑函数可以有许多条，如图 6-9 所示。

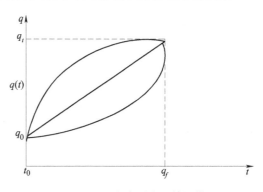

图 6-9　三次多项式函数插值

显然，这些光滑函数必须满足以下条件：

$$q(0) = q_0 \qquad q(t_f) = q_f \qquad (6\text{-}2)$$

同时，若要求在起点和终点的速度为零，即：

$$\dot{q}(0) = 0 \quad \dot{q}(t_f) = 0 \qquad (6\text{-}3)$$

那么可以选择如下三次多项式：

$$q(t) = a_0 + a_1 t + a_2 t^2 + a_3 t^3 \qquad (6\text{-}4)$$

作为所要取的光滑函数，式（6-4）中有四个待定系数，而该式需满足式（6-2）和式（6-3）中的四个约束条件，因此可以唯一地解出这些系数：

$$a_0 = q_0$$
$$a_1 = 0$$
$$a_2 = \frac{3}{t_f^2}(q_f - q_0)$$
$$a_3 = -\frac{2}{t_f^3}(q_f - q_0) \qquad (6\text{-}5)$$

例 6-1　设机械手的某个关节的起始关节角 $\theta_0 = 15°$，并且机械手原来是静止的，要求在 3s 内平滑地运动到 $\theta_f = 75°$ 时停下来（即要求在终端是速度为 0）。规划出满足上述条件的平滑运动的轨迹，并画出关节角位置、角速度及角加速度随时间变化的曲线。

解：根据所给的约束条件，直接带入式（6-5），得：

$$a_0 = 15 \quad a_1 = 0 \quad a_2 = 20 \quad a_3 = 4.44$$

所求关节角的位置函数为：

$$\theta(t) = 15 + 20 t^2 - 4.44 t^3 \qquad (6\text{-}6)$$

对式（6-6）求导，可以得到角速度和角加速度：

$$\dot{\theta}(t) = 40t - 13.33 t^2 \qquad (6\text{-}7)$$

$$\ddot{\theta}(t) = 40 - 26.66t \tag{6-8}$$

根据式（6-6）~式（6-8）可画出它们随时间变化的曲线如图 6-10 所示，由图可以看出，速度曲线为一抛物线，加速度则为一条直线。

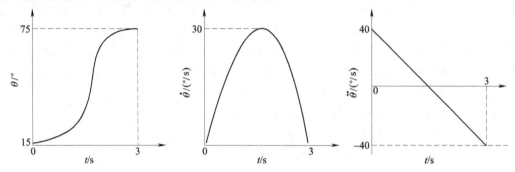

图 6-10　关节角位置、角速度及角加速度随时间变化的曲线

（2）抛物线连接的线性函数插值　前面介绍了利用三次多项式函数插值的规划方法，另外一种常用方法是线性函数插值法，即用一条直线将起点与终点连接起来。但是，简单的线性函数插值将使得关节的运动速度在起点和终点处不连续，它也意味着需要产生无穷大的加速度，这显然是不希望的。因此可以考虑在起点和终点处，用抛物线与直线连接起来，在抛物线段内，使用恒定的加速度来平滑地改变速度，从而使得整个运动轨迹的位置和速度是连续的。线性函数插值如图 6-11 所示。

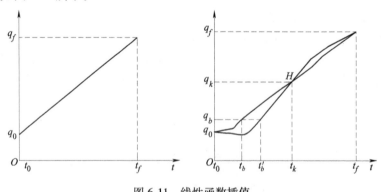

图 6-11　线性函数插值

（3）直角空间轨迹规划　前面介绍的在关节空间内的规划，可以保证运动轨迹经过给定的路径点。但是在直角坐标空间，路径点之间的轨迹形状往往是十分复杂的，它取决于机械手的运动学机构特性。在有些情况下，对机械手末端的轨迹形状也有一定要求，如要求它在两点之间走一条直线，或者沿着一个圆弧运动以绕过障碍物等。这时便需要在直角坐标空间内规划机械手的运动轨迹。

直角坐标空间的路径点，指的是机械手末端的工具坐标相对于基坐标的位置和姿态，每一个点由六个量组成，其中三个量描述位置，另外三个量描述姿态。

在直角坐标空间内规划的方法主要有线性函数插值法和圆弧插值法。

4. 轨迹的实时生产

前面轨迹规划的任务，是根据给定的路径点规划出运动轨迹的所有参数。

例如，在用三次多项式函数插值时，便是产生出多项式系数 $a_0 \sim a_3$ 从而得到整个轨迹的运动方程：

$$q(t) = a_{i0} + a_{i1}t + a_{i2}t^2 + a_{i3}t^3 \tag{6-9}$$

对式（6-9）求导，可以得到速度和加速度：

$$\dot{q}(t) = a_{i1} + 2a_{i2}t + 3a_{i3}t^2$$

$$\ddot{q}(t) = 2a_{i2} + 6a_{i3}t$$

路径的描述：前面讨论了在给定路径点的情况下如何规划出运动轨迹的问题，但是还有一个如何描述路径点并以合适的方式输入给机器人的问题。最常用的方法便是利用机器人语言。

用户将要求实现的动作编成相应的应用程序，其中有相应的语句用来描述轨迹规划，并通过相应的控制作用来实现期望的运动。

6.3 计算机集成制造技术

6.3.1 概述

计算机集成制造系统（Computer Integrated Manufacturing System，CIMS），是随着计算机辅助设计与制造的发展而产生的，是在信息技术、自动化技术和制造的基础上，通过计算机技术把分散在产品设计与制造过程中各种孤立的自动化子系统有机地集成起来，形成适用于多品种、小批量生产，实现整体效益的集成化和智能化制造系统。与其他具体的制造技术不同，CIMS 着眼于从整个系统的角度来考虑生产和管理，强调制造系统整体的最优化，它像个巨大的中枢神经网络，将企业的各个部门紧密联系起来，使企业的生产经营活动更加协调、有序、高效。实践证明，CIMS 的正确实施将给企业带来巨大的经济效益和社会效益。

6.3.2 CIMS 概念的发展

计算机集成制造系统（CIMS）最早由美国的约瑟夫·哈林顿博士于 1973 年提出，哈林顿强调，一是整体观点，即系统观点，二是信息观点，二者都是信息时代组织、管理生产最基本、最重要的观点。可以说，CIM 是信息时代组织、管理企业生产的一种哲理，是信息时代新型企业的一种生产模式。按照这一哲理和技术构成的具体实现便是 CIMS。

1987 年，我国"863 计划"CIMS 主题专家组认为："CIMS 是未来工厂自动化的一种模式。它把以往企业内相互分离的技术和人员通过计算机有机地结合起来，使企业内部各种活动高速度、有节奏、灵活和相互协调地进行，以提高企业对多变竞争环境的适应能力，使企业经济效益持续稳步地增长"。

1991 年，日本能源协会提出："CIMS 是以信息为媒介，用计算机把企业活动中多种业务领域及其职能集成起来，追求整体效益的新型生产系统"。

1992 年，ISO TC184/SC5/WG1 提出："CIMS 是把人、经营知识和能力与信息技术、制造技术综合应用，以提高制造企业的生产率和灵活性，将企业所有的人员、功能、信息和组织诸方面集成为一个整体"。

1993 年，美国 SME 提出 CIMS 的新版轮图。轮图将顾客作为制造业一切活动的核心，强调了人、组织和协同工作，以及基于制造基础设施、资源和企业责任之下的组织、管理生产的全面考虑。

经过十多年的实践，我国"863计划"CIMS主题专家组在1998年提出的新定义为"将信息技术、现代管理技术和制造技术相结合，并应用于企业产品全生命周期（从市场需求分析到最终报废处理）的各个阶段。通过信息集成、过程优化及资源优化，实现物流、信息流、价值流的集成和优化运行，达到人（组织、管理）、经营和技术三要素的集成，以加强企业新产品开发的T（时间）、Q（质量）、C（成本）、S（服务）、E（环境），从而提高企业的市场应变能力和竞争能力。

由此，CIMS概念的总结如下：CIMS是利用计算机技术，将企业的生产、经营、管理、计划、产品设计、加工制造、销售及服务等环节和人力、财力、设备等生产要素集成起来，进行统一控制，求得生产活动最优化的思想方法。CIMS一般由集成工程设计系统、集成管理信息系统、生产过程实时信息系统、柔性制造工程系统及数据库、通信网络等组成，学科跨度大，技术综合性强，它跨越与覆盖了制造技术、信息技术、自动化及计算机技术、系统工程科学、管理和组织科学等学科与专业。早期的CIMS研究主要是针对离散工业的，相应的生产体现为决策支持、计划调度、虚拟制造、数字机床、质量管理等，核心技术难题在于计划调度和虚拟制造等。而随着CIMS研究的进一步发展，人们将CIMS系统集成的思想应用到了流程工业中，也获得了良好的设计效果，而由于流程工业区别于离散工业的特征，使得流程工业CIMS技术主要体现在决策分析、计划调度、生产监控、质量管理、安全控制等，其中核心技术难题在于生产监控和质量管理等。CIMS是随着计算机辅助设计与制造的发展而产生的。它是在信息技术自动化技术与制造的基础上，通过计算机技术把分散在产品设计制造过程中各种孤立的自动化子系统有机地集成起来，形成适用于多品种、小批量生产，实现整体效益的集成化和智能化制造系统。

6.3.3 CIMS的功能组成

按我国企业的实践经验，CIMS一般由六部分组成：管理信息集成分系统、工程设计集成分系统、制造自动化集成分系统、质量保证集成分系统、计算机网络集成分系统和CIMS分数据库系统。CIMS的功能组成如图6-12所示。

1. 管理信息集成分系统

管理信息集成分系统的核心是物料需求计划（MRP）和企业资源计划（ERP）。MRP是根据物料清单、库存数据和生产计划计算物料需求的一套技术。

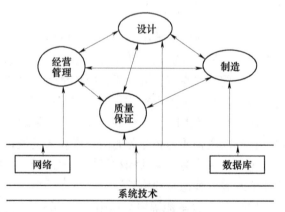

图6-12　CIMS的功能组成

MRP把主生产计划（NPS）、物料清单（BOM）和库存量分别存储在计算机中，经过计算，就可以输出一份完整的物料需求计划了。除此之外，它还可以预测未来一段时间里会有什么物料短缺。

ERP具有很多的功能：①具有超越MRP范围的基础功能；②支持混合范式的制造环

境；③支持能动的监控能力；④支持开放的客户机/服务器计算环境。管理信息集成分系统基本结构如图 6-13 所示。

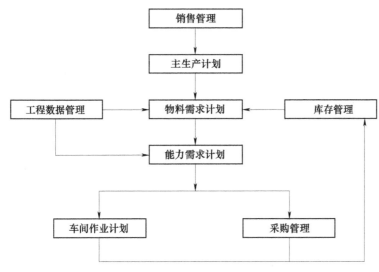

图 6-13 管理信息集成分系统基本结构

2. 工程设计集成分系统

工程设计集成分系统涉及 CAD/CAPP/CAM 集成系统、特征建模技术产品数据交换标准、CAD/CAPP/CAM 集成数据管理、组成技术、并行工程以及 EDIS 分系统外部接口。CIMS 重点讨论的是 CAD/CAPP/CAM。

CAD/CAPP/CAM 集成系统是由 CAD/CAPP/CAM 等子系统在分布式数据和计算机网络系统支持下组成。

（1）CAD 子系统及功能 CAD 完成产品的方案设计、工程分析及优化，通过设计、评价、决策在设计的有限次迭代，不断优化设计，直到获得满意的设计结果。其主要功能包括：

1）三维几何造型：对设计对象用计算机能够识别的方式进行描述。

2）有限元分析：在产品几何模型的基础上，通过单元网络划分确定载荷及约束条件，自动生成有限元模型，并用有限元方法对产品结构的静、动态特性，强度、振动、热变形、磁场强度、流场等进行计算分析，用不同的颜色描述结构应力、磁场、受力、受热的分布情况，为设计人员精确研究产品结构的受力变形提供重要手段。

3）优化设计：按设计对象建立优化的数学模型，包括目标函数和约束条件，然后选择合适的优化方法对产品的设计参数、方案或结构进行优化设计。这也是保证现代化产品设计达到周期短、质量好的重要技术手段。

CAD 主要有以下鲜明特征：

1）强调产品设计过程中计算机的参与和支持。

2）强调计算机的辅助作用。

3）不可能也没有必要设计产品的所有环节。

CAD 关键技术的实现涉及以下的关键技术：

1）产品的造型建模技术。

2）单一数据库与相关性设计。

3）NURBS 曲面造型技术。

4）CAD 与其他 CAX 系统的集成技术。

5）标准化技术。

（2）CAPP 子系统及功能　CAPP 进行产品中各种零件的加工过程设计，完成工艺线路与工艺设计，产生工序图和工艺文件，向 MIS、QIS、MAS 各分系统提供所需要的工艺信息。

（3）CAM 子系统及功能　CAM 按照 CAD 产生的产品的几何信息和 CAPP 产生的工艺信息，完成零件的数控加工编程及刀具轨迹模拟，为车间提供数据加工指令文件和切屑加工时间等信息，以及人机交互方式，对机器人的动作编程并进行仿真，以检查机器人的动作和实现机器人的在线控制。CAM 技术的连线应用是将计算机与制造过程直接相连接，用以控制、监视和协调物料的流动过程。

3. 制造自动化集成分系统

制造自动化集成分系统是制造系统的硬件主体，主要包括：专用自动化机床、分布式数控系统（DNC）、柔性制造单元（FMC）、柔性制造系统（FMS）等。它主要由以下几部分组成：控制及信息处理部分、伺服装置部分、机械本体部分、传感检测部分。先进制造设备的优越性在于提高了劳动生产率，提高了加工精度和产品质量，易于实现生产过程的柔性化，改善了劳动条件。

在 CIMS 环境中，制造自动化集成分系统运行过程的本质是产品的物化（形成）过程。制造自动化集成分系统中的数据是连接产品设计、生产过程控制和实际产品加工制造之间的桥梁，即 CIMS 中的产品设计方案和工艺规划等工程信息是通过制造自动化集成分系统中的信息转换为实际产品的。

4. 质量保证集成分系统

质量保证集成分系统的功能主要有：

1）质量计划功能。其又包含检测计划生成、检测规则生成以及检测程序的生成。

2）质量检测功能。

3）质量评价与控制功能。

4）质量信息管理功能。

企业 CIMS 的建立，不仅是通过质量保证集成分系统，提高产品的质量，通过其他分系统也会改善工作，提高产品质量。质量保证集成分系统结构如图 6-14 所示。

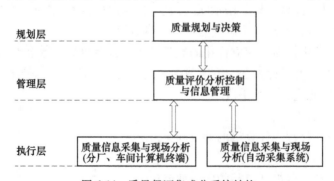

图 6-14　质量保证集成分系统结构

5. 计算机网络集成分系统

CIMS 网络也是计算机网络，又有其自身的特殊性，它并非是计算机网络公司售出的一种网络产品，而是一种用户根据企业的特点在总体设计的前提下适用当今的网络产品并予以实施的网络系统，没有一个标准的规范的 CIMS 网络产品，只有结合各企业目标和具体情况的特定 CIMS 网络。

CIMS 网络的特点：首先 CIMAS 网络是在一个企业内部运行的计算机网络，它应归属计算机局部网络的范畴；其次，CIMS 集成子系统包含工程设计、制造过程企业管理与决策三类职能性质不同的领域，他们对通信的要求，如吞吐量、时延、实时性、可靠性等都是不同的，相应的通信协议、拓扑结构、局网存取控制方法和网络介质等也往往都是各异的；第三，由于 CIMS 是一个多层体系结构，子网和通信网的选择还要考虑适应系统结构层次上的更具体的需求；第四，即使在同一服务类型、同一系统结构层次上，CIMS 用户也面临着各种各样局网和通信产品的选择；最后就是在各子网本身的组织上也面临互连接的问题。它的组建应同企业的其他通信设施和今后的综合业务数字网（ISDN）的发展统筹兼顾。

CIMS 网络包含了 CIMS 的子网单元技术，CIMS 网络的工厂主干网，网络系统的分析与设计方法以及 CIMS 网络协议软件。CIMS 网络协议软件主要是适于生产环境的 MAP/TOP 协议，我国上海交通大学计算机系历时 7 年开发的 Min MAP/EAP 协议是我国具有自主知识产权的网络协议软件。MAP/TOP 是实现 CIMS 的 LAN 协议，随着网络的扩大，后来的 MAP/TOP 网络协议得到了扩充和扩展。例如 Min MAP/EAP 及现场总线（Field Bus）等就是其中的一部分。

6. CIMS 分数据库系统

数据库系统是 CIMS 环境中重要的支持系统。企业在计算机网络系统的支持下，能实现各功能分系统之间的互联和信息传输，而采用数据库技术才能有效地对企业中设计、生产和管理活动提供信息支持。CIMS 对数据库技术的需求主要表现在对异构硬件、软件环境下的分布数据管理，工程技术领域内的数据管理；CIMS 各个单元有不同的管理能力，分区自治和统一运行，用户接口和数据标准化以及实时操作。

以上的介绍主要是关于计算机集成制造技术逐渐发展起来的，而现在被认为是不可分割的计算机制造技术，CIMS 就是通过一个个有机体的紧密结合，逐渐发展成为具有强大功能的计算机集成制造网络技术。这些只是一个过程，更多具体的内容在此不做更多的介绍。

6.3.4 CIMS 的关键技术

计算机集成制造系统是信息技术、先进的管理技术和制造技术在企业中的综合应用，按照 CIMS 将企业经营活动中销售、设计、管理、制造各个环节统一考虑，在信息共享基础上，实现功能集成。其内容包括管理信息系统（MIS）、工程设计集成系统（CAD/CAPP/CAM）、制造自动化系统（MAS/FMS）和质量管理系统（QMS）四个应用分系统及数据库和网络两个技术支持系统。在工业发达国家起步较早，不少企业广泛应用单元技术，但形成了自动化孤岛，要在异构环境下把这些孤岛集成起来，技术上有很大难度。由此可见，CIMS 的关键技术及核心是集成。

1. 共享数据库

网络和数据库是实现 CIMS 信息集成的支持工具，其中建立异构、分布、多库集成的数据库尤为关键。

1）工程数据的集成。工程数据库的研制是整个数据库系统的关键，它既保证 CAD、CAPP、CAM 在集成环境下运行，又要为整个 CIMS 系统的集成提供必要的信息。

通常专用的 CAD 数据库能管理 CAD 建立的图形文件及 CAM 建立的文本文件，但对设计过程中参数缺乏有力的支持，无法从 CAD 产生的结果中提取 CAPP 需要的特征。为此，在专用数据库中建立各种规范及基于加工的特征图谱，并开发与通用关系数据库的专用接口，形成 CAD 专用数据库和通用关系数据库共同管理的集成工程数据库。

2）分布式数据的共享。CIMS 工程中各功能分系统分布在不同节点的异构计算机系统上，分布在各节点上的物理数据具有逻辑性相关。为使问题简单化，应尽量做到各节点在数据库上构成分布式的同构系统，除了参与本节点的局部应用外，还通过网络参与全局应用。把数据存放在使用频率最高的节点，减少使用时远距离操作和长距离传送，改善响应时间，是进行数据分布设计的总原则。

分系统之间信息共享机制取决于它们之间信息互访的途径。通常有远程查询和在远程节点建立副本两种方式。无论哪种途径，其共享执行机理应有适当的执行指令和相应的存取控制机制。数据共享的安全控制，要考虑到在整个分布式数据库中设置两个层次的存取控制。一个是在各自节点上的存取控制，称之为局部安全控制模式；另一个是节点间数据互访的存取控制，称之为共享数据安全控制模式。

如何从 CAD 系统模型中获取 CAPP 所需的信息是目前研究 CAD/CAPP 集成的一个主要问题，也是 CIMS 集成的关键之一。现代商品化 CAD 软件虽然提供了良好的三维实体造型功能，并应用特征技术进行开发，如 Pro/ENGINEER 软件，但仅限于形状造型，其造型特征与输出数据难以被 CAPP 系统提取。加工特征不同于 CAD 造型特征，造型特征侧重于实体，加工特征侧重于型面，少数特征还可建立对应关系，大部分加工特征在特征层上难以建立对应关系，不少加工特征须将造型特征按面分解重新组合。

不控制零件的造型过程，而对其结果进行加工特征的自动识别与参数提取是一种理想目标，但加工特征的非标准与不确定使之难以实现。如何通过参数、参数类型、参数关系建立加工特征的识别算法则是关键所在。

加工特征的识别须从相应层上进行，有三种方式：

1）UDF 方式：即用户定义特征，实质是将造型与加工特征从标准的角度统一起来，把一些符合一般设计标准又与某种加工特征有明确对应关系的型面统一，同时生成 CAPP 所需的参数便于提取。

2）AUTO 方式：即自动识别方式，主要解决可以与造型特征建立对应关系又有明确的识别规则的加工特征的识别与参数提取。

3）SELECT 方式：即通过已定义好的加工特征的图形化菜单，让用户按不同的加工特征用鼠标从零件模型上选取相应的型面支持菜单的一组程序，可根据所选取的加工特征类型自动从模型中提取相应的对数，并进行类型检查与重复提取校核。

2. 产品结构表（BOM）自动生成

在 CIMS 工程中，产品结构表（BOM）是 CAD 产品设计的结果之一，也是管理信息系统（MIS）中主生产计划、物料需求计划、成本核算、物料管理等功能的主要信息依据。故实现 CAD 和 MIS 之间信息共享，BOM 自动生成和传输是关键。

产品是现实世界中的复杂对象，由部件和零件组成，而部件又可以由分部件或零件组成，零件可按其特征细化为基本件、标准件、外购件、焊接件等并形成树状结构，如图 6-15 所示。

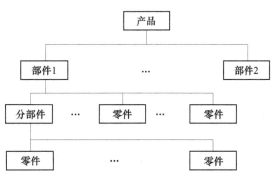

图 6-15　产品结构表（BOM）的树状结构

图中每个节点除了物料号作为标识外，还包括三部分信息：图形信息、特征信息、零部件 的连接关系。特征信息构成了"物料"关系模式，零件的连接关系构成了"组合"关系模式。

为了使这些局部数据为整个 CIMS 共享，支持全系统的各项活动，必须把存入在图形中的三个数据结构中的数据提升到全局层，构成"物料""组合"两个基表，作为全局信息。对各节点判断工程图的张数，多图情况下，构成开多张图的队列。接收模块把获得的全局信息分别插入"物料"表和"组合"表，然后对产品结构信息进行编辑，按产品、部件，产生基本件、标准件、外购件明细表的汇总表，实现了从 CAD 分系统中的产品结构信息向（MRP）分系统建立和传输的全过程。

6.3.5　开发应用 CIMS 的主要方法

CIMS 不是现有生产模式的计算机化和自动化，它是在新的生产组织原理和概念指导下形成的一种新型生产实体。因而发展 CIMS 决不能采用一般新技术的开发应用方法——只解决技术的开发和使用问题，而应采用一套能解决组织管理、技术开发应用和人员培训等一系列问题的新方法。目前国外开发应用 CIMS 比较好的部门和企业提出了一些发展 CIMS 的方法，因此这一问题仍需研究和探讨。

1. 组织管理方面

（1）领导部门或工业系统的组织管理方法

① 要建立强有力的领导班子；

② 要认真制定目标、政策并加强宣传；

③ 要有必要的资金保证；

④ 要建立信息交流渠道；

⑤ 要重视建立各种集成标准；

⑥ 要重视吸引和保留 CIMS 技术人才；

⑦ 要强调多方面技术合作。

（2）企业开发应用 CIMS 的组织管理方法

① 要建立有职权的 CIMS 领导班子；

② 要符合公司战略发展方向；

③ 要建立相适应的组织管理机构；

④ 要坚持使用已建立的新系统，推动其向前发展。

2. 规划设计方面

1）不可要求过高。在规划设计时不要对 CIMS 提出不切合实际的过高要求，应认真分析整个生产过程，根据实际情况进行规划设计、否则会出现欲速则不达的后果。

2）不可机械地照搬别人系统。约翰迪尔拖拉机公司认为：什么系统都不能原封不动地照搬，因为即使是完全相同的 CIMS，由于实施的时间、地点、技术、财力和组织等诸因素的改变，方案也必然会有所变化。

3）全面规划分期实现。采用这一方法的原因有两个：一是 CIMS 本身的特性——工厂全盘集成自动化；二是因为它需要巨额资金，因而往往采用分阶段实施方法。

4）要高度重视各种标准的应用。标准对规划设计具有特别重要的意义。因为，对于任何一个 CIMS 规划设计方案来说，必须使用预先建立的评价标准来评价，如果没有评价标堆就很难确定所选择的规划设计方案是否是最佳方案，因而就不能保证 CIMS 的成功。

6.3.6 CIMS 是工业工程的综合体现

1974 年，哈林顿博士提出了计算机集成制造的概念。其基本观点如下：企业生产的各个环节，即从市场分析、产品设计、加工制造、经营管理到售后服务的全部生产活动是一个不可分割的整体，要紧密连接统一考虑。整个生产过程实质上是一个数据采集、传递和加工处理的过程，最终形成的产品可以看作是数据的物质表现。

由此可以看出，计算机集成制造系统在功能上包含了一个工厂的全部生产经营活动，即从市场预测、产品设计、加工制造、管理到售后服务的全部活动，是一个复杂的大系统。在特征上，它涉及的自动化不是工厂各个环节的自动化或计算机化（又叫自动化孤岛）的简单相加，而是有机地集成。这里的集成不仅是物、设备的集成，更主要的是体现以信息集成为特征的技术集成，甚至是人的集成。所以可以得出这样一个结论：计算机集成制造系统是以系统科学为理论基础，以现代制造技术、现代信息技术和现代管理技术为手段，对工厂全部生产活动的各分散自动化系统通过计算机及其软件将其有机地集成起来，以达到总体高效益、高柔性的智能型制造系统。同时，还要说明一点：计算机集成制造是组织、管理生产的一种哲理、思想和方法，而计算机集成制造系统则是这种思想的具体体现。

工业工程（IE）是不断发展的，从最初的单一技术内容逐渐发展成为一门完整的、系统的、综合性的应用技术学科。在这里，各种应用技术与方法得到综合应用。其中，CIMS 较为完整、综合地体现了现代工业工程的内容，是工业工程（IE）学科发展的最新领域，它丰富和发展了工业工程的理论和方法，促进了工业工程的发展和完善。目前虽然 CIMS 的应用对象，主要以离散型制造业为主，但已逐步开始向其他制造业方向发展。CIMS 已经向人们展示出它的强大生命力，并以一种崭新的方式出现在制造业中。

6.3.7 我国 CIMS 的现状及发展

进入 20 世纪 80 年代，发达国家经过几十年大工业生产的积累，人们的基本物质需要得到了相对满足。为了适应人们日益多样化的需求，市场竞争空前激烈。市场竞争和计算机技术的发展，引起了企业对 CIMS 的强烈需求。由于 CIMS 对广大制造业企业的生存和发展具有战略意义，而制造业对一个国家的国民经济发展具有举足轻重的作用，因而工业发达国家先后对 CIMS 的发展给予了很大关注，制订了长期发展规划，并采取切实有效的措施推进其在众多企业中的应用。国外开展 CIMS 的研究与应用已有 40 多年历史，世界各国都十分重视 CIMS 等制造系统集成技术的研究与开发，欧、美等发达国家将 CIMS 技术列入其高技术研究发展战略计划，给予重点支持。

我国开展 CIMS 研究与应用已有 30 多年的历史。从 1986 年开始实施"国家高技术研究发展计划"（即 863 计划），CIMS 是其中的一个主题。863/CIMS 的任务是促进我国 CIMS 的发展和应用。

从 1990 年开始，齐鲁石化公司胜利炼油厂、中原制药厂、天津钢管制造有限公司等企业已着手 CIMS 计划，福建炼油厂（现福建炼油化工有限公司）等一些连续生产企业已成功地实施了 CIMS，取得了巨大的经济效益。与国外 CIMS 的发展相比较，我国已在深度和广度上拓宽了传统 CIMS 的内涵，形成了具有中国特色的 CIMS 理论体系。目前，我国 CIMS 不仅重视了信息集成，而且强调了企业运行的优化，并将计算机集成制造发展为以信息集成和系统优化为特征的现代集成制造系统。在 CIMS 的研究方面，目前我国已造就了一支人数较多且具有较高水平的 CIMS 研究队伍，CIMS 总体技术的研究已处于国际先进水平。在企业建模、系统设计方法、异构信息集成、基于 STEP 的 CAD/CAPP/CAM/CAE、并行工程及离散系统动力学理论等方面也有一定的特色或优势，在国际上已有一定的影响。我国在多年的实践中，也形成了一支工程设计、开发、应用骨干队伍，总结出了一套适合国情的 CIMS 实施方法、规范和管理机制。

目前，我国的 CIMS 技术在发展，应用领域也在不断地拓宽。CIMS 的进一步试点推广应用已扩展到机械、电子、航空、航天、轻工、纺织、石油化工、冶金、通信、煤炭等行业的众多企业。我国 863/CIMS 研究已形成了一个健全的组织和一支研究队伍，实现了 CIMS 研究和开发的基本框架，建立了研究环境和工程环境，包括国家 CIMS 实验工程研究中心和七个单元技术开放实验室：集成化产品设计自动化实验室、集成化工艺设计自动化实验室、柔性制造工程实验室、集成化管理与决策信息系统实验室、集成化质量控制实验室、CIMS 计算机网络与数据库系统实验室、CIMS 系统理论方法实验室。在完成了一大批课题研究工作的基础上，陆续选定了一批 CIMS 典型应用工厂作为利用 CIMS 推动企业技术改造的示范点，其中包括成都飞机工业公司、沈阳鼓风机厂、济南第一机床厂、上海二纺机股份有限公司、北京第一机床厂、郑州纺织机械厂、东风汽车公司、广东华宝空调器厂、中国服装研究设计中心（集团）等。

CIMS 是一种基于生产哲理指导下企业信息化、现代化的方向、思想和方法，它不是某种固定的模式，它的出现是科学技术迅速发展和市场竞争日益激烈的必然结果，因而，在研究和应用时，要抓住 CIMS "信息的观点、系统的观点"的本质，将先进的信息技术与制造业的实际需求相结合，促进企业新产品自主开发能力、市场开拓能力和整体管理水平的提高。对于确实需要进行大规模技术改进的企业，要实现较全面的信息集成和生产优化，可能投入较大。对于多数企业，只要针对瓶颈，适当投资，实现局部信息集成，充分利用企业原有资源，融化信息孤岛，降低项目成本，也可以达到生产经营的一定范围内的优化，同样可以取得显著的经济效益和社会效益。

随着信息技术的发展和制造业市场竞争的日趋激烈，未来 CIMS 将有向以下八个方面发展的趋势。

1）集成化：CIMS 的"集成"已经从原先的企业内部的信息集成和功能集成，发展到当前的以并行工程为代表的过程集成，并正在向以敏捷制造为代表的企业间集成发展。

2）数字化：从产品的数字化设计开始，发展到产品生命周期中各类活动、设备及实体的数字化。

3）虚拟化：在数字化基础上，虚拟化技术正在迅速发展，它主要包括虚拟显示（VR）、虚拟产品开发（VPD）、虚拟制造（VM）和虚拟企业等。

4）全球化：随着"市场全球化""网络全球化""竞争全球化"和"经营全球化"的出现，许多企业都积极采用"全球制造""敏捷制造"和"网络制造"的策略，CIMS 也将实现"人类命运共同体"。

5）柔性化：正积极研究发展企业间动态联盟技术、敏捷设计生产技术、柔性可重组机器技术等，以实现敏捷制造。

6）智能化：是制造系统在柔性化和集成化基础上，引入各类人工智能和智能控制技术，实现具有自律、智能、分布、仿生、敏捷、分形等特点的下一代制造系统。

7）标准化：在制造业向全球化、网络化、集成化和智能化发展的过程中，标准化技术（PTEP、EDI 和 P-LIB 等）已显得越来越重要。它是信息集成、功能集成、过程集成和企业集成的基础。

8）绿色化：包括绿色制造、环境意识的设计与制造、生态工厂、清洁化生产等。它是全球可持续发展战略在制造业中的体现，是摆在现代制造业面前的一个崭新课题。

我国的 CIMS 研究工作，已经从实验示范阶段走向了实际应用阶段，不少企业想通过应用 CIMS 来取得更大的效益。有了这样的需求驱动，CIMS 这一高技术必将取得持久的发展。

6.4 智能制造系统

智能制造是先进制造技术的最新的制造模式之一，智能制造系统（IM）是一个信息处理系统，它的原料、能量和信息都是开放的，因此智能制造系统是一个开放的信息系统。智能制造技术是制造技术、自动化技术、系统工程与人工智能等学科互相渗透、互相交织而形成的一门综合技术。智能制造是新世纪制造业的发展方向。由于其实施方案可以在整个制造的大系统（产品的全生命周期）进行，也可以在单元技术（例如模具设计专家系统、数控机床诊断专家系统、智能机器人等）上逐步推进，从经济性、实用性讲，也是我国实现制造业跨越式发展的必经之路。

6.4.1 智能制造系统基本概念

智能制造技术（Intelligent Manufacturing Technology，IMT）是一种由智能机器和人类专家共同组成的人机一体化智能系统，它在制造过程中能进行智能活动，诸如分析、推理、判断、构思和决策等，通过人与智能机器的合作共事，去扩大、延伸和部分地取代人类专家在制造过程中的脑力劳动，并对人类专家的制造智能进行收集、存储、完善、共享、继承和发展。

智能制造系统就是要通过集成知识工程、制造软件系统、机器人视觉与机器人控制等来对制造技术的技能与专家知识进行模拟，使智能机器在没有人工干预情况下进行生产。智能制造系统是把人的智力活动变为制造机器的智能活动。智能制造系统的物理基础是智能机器，它包括具有各种程序的智能加工机床、工具和材料传送装置、检测和试验装置以及装配装置等。

6.4.2　智能制造系统主要内容和关键技术

1. 智能化制造的特点

1）智能化制造技术以实现优质、高效、低耗、清洁、灵活生产，提高产品对动态多变市场的适应能力和竞争力为目标。

2）智能化制造技术不局限于制造工艺，而是覆盖了市场分析、生产管理、加工和装配、销售、维修、服务以及回收再生的全过程。

3）智能化制造强调技术、人、管理和信息的四维集成，不仅涉及物质流和能量流，还涉及信息流和知识流，即四维集成和四流交汇是智能化制造技术的重要特点。

4）智能化制造技术更加重视制造过程组成和管理的合理化以及革新，它是硬件、软件、智能（人）与组织的系统集成。

2. 智能化制造数控设备的关键技术

机械制造设备的智能化、网络化，以及对神经元网络、云计算技术的研究与应用，使机械制造工业智能化技术得到了跨越式的发展，可以说这是又一次具有划时代意义的工业技术革命。目前，智能化制造数控设备的关键技术，除了机械主体以外，主要是由智能数控系统技术、智能感知技术、智能自适应技术、智能神经元网络技术、智能云计算技术和智能专家系统等主要技术构成。

1）智能化数控系统。数控设备智能化的发展是以数控系统完善的软硬件功能及高灵敏度、高精度感知检测系统为基础，以适应智能化、信息化、数字化集成技术发展的要求。为追求数控设备加工效率和加工质量，数控系统不但有自动编程、前馈控制、模糊控制、自学习控制、工艺参数自动生成、三维刀具补偿、运动参数动态补偿等智能化功能，还有故障诊断专家系统，使自诊断和故障监控功能更趋于完善。伺服驱动系统智能化，能自动感知负载变化，自动优化调整参数。如发那科推出的 HRV 控制，通过共振追随型 HRV 滤波器，可以避免因频率变动而造成设备的共振。通过融合旋转伺服电动机，高精度、高响应和高分辨率脉冲编码器，实现高速和高精度的伺服控制，保证极其平稳的进刀。

2）智能自适应控制技术。自适应控制分为工艺自适应和几何自适应。工艺自适应又分为最佳自适应（OAC）和约束式自适应（ACC）。自适应控制自 20 世纪 60 年代已开始研究，但用于生产实践尚不普遍。目前应用面较广的还是结构简单的 ACC 系统，已用于铣、车、钻、磨、电加工和加工中心等机床上；而 OAC 多用于加工因素相对简单的磨削和电火花加工（EDM）上。影响加工的因素很多很复杂，不仅建立数学模型困难，而且要实时采集和实时调整参数也有很大难度，有待深入研究。

3）智能化神经元网络技术。最智能的莫过于人的大脑，人工神经元网络（ANN）是一种模拟人的神经结构，即类似人的大脑神经突触连接的结构进行信息处理的复杂网络系统。人工神经网络具有自学习功能、联想记忆功能、非线性映射功能和高速寻找优化解的功能等。目前，神经元网络多用于数控设备可靠性预测和优化工艺参数方面，神经元网络在机床数控系统方面的研究与应用尚不多见。随着神经元网络技术的发展，在数控机床方面的应用可能会有很好的前景，或许会把数控系统的智能化水平推向高级阶段。未来几年，希望智能化神经元网络技术能有一个较快的发展。

4）智能专家系统。它是一个智能计算机程序系统，其专家知识库中含有某个领域大量的专家知识与经验，就是利用这些专家知识、经验来解决问题的方法，达到处理该领域的技术问题。它能够应用人工智能技术，根据该专家系统中的知识和经验进行推理和判断，模拟专家的决策过程，来解决需要专家处理的复杂问题。目前，数控设备领域尚缺乏这种专家系统。

5）云计算将把智能化制造推向更高级阶段。国外工业技术发达国家的大型工业企业、研究机构和高等院校对云计算的研究和发展极为重视，认为这是一种具有划时代意义的技术。如美国宇航局和通用汽车公司都在研究和应用云计算技术，我国北京建有云计算基地，华为技术有限公司和TCL集团也都特别关注云计算的发展、研究和应用。

3. 智能化工厂

智能化机械工厂是以"智能化"为核心，以智能化、数字化、网络化为主要特征的生产、经营实体，例如车间智能化如图6-16所示。智能化工厂将逐步分层次实现。智能工业机器人在智能自动化制造工厂中扮演着重要角色。

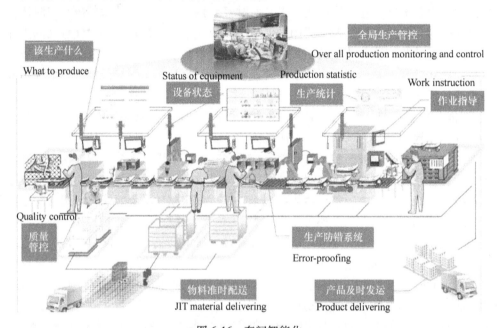

图6-16 车间智能化

1）在智能化数控设备中，除了各种数控设备和相关数控配套设备以外，智能工业机器人在智能制造单元、智能制造系统和智能制造工厂中也具有重要作用。

2）在各种智能化自动化数控设备的基础上，智能化工厂将由工厂局部智能自动化、逐步分层次地发展到全工厂智能自动化和社会化智能制造。

第一个层次：单机或单元智能自动化，可以实现长时间无人值守。目前国内外都有大量用于生产的实例。

第二个层次：生产制造系统智能自动化，在第三代"智能机器人化单元"的基础上，实现计算机网络控制生产车间全自动化系统，包括毛坯仓储管理，再制品仓储管理，成品零件仓储管理及其搬运、装卸、装配作业和质量检验等。

第三个层次：智能化数字化网络制造系统，在第二层次生产制造系统智能自动化的基础上，配置网络综合管理系统，来实现全工厂的智能化数字化网络制造。智能化工厂的实现主要是靠信息通信技术（ICT）和智能网络的可靠运行加以保证。具有实时资料搜集与传输功能、高效能计算机与分析预测功能、远程监控与诊断功能及模拟功能等。智能化工厂最核心的部分是生产过程和全面经营运行的智能自动化，包括设计智能化、生产排序自动化、生产线自动化、测试检验自动化、仓储自动化、电力管理智能自动化等，进一步发展到自动化无人化工厂（绝大多数设备可以无人值守）。

第四个层次：智能化、社会化生产，智能化、网络化、社会化制造，将企业内部局域网经因特网向企业外部传输，这就是所谓的 Internet/Intranet。网络可使企业与企业之间进行跨地区协同设计、协同制造、信息共享、远程监控、远程诊断和服务等。网络能为制造提供完整的生产数据信息，可以通过网络将加工程序传给远方的设备进行加工，也可远程诊断并发出指令调整。网络使各地分散的数控机床联系在一起，互相协调，统一优化调整，使产品加工不局限于一个工厂内而实现社会化生产。智能化、社会化制造能够借助 Internet 实现跨行业、跨国际智能化制造，进入 Internet/ Intranet 时代。云计算借助 Internet 整合了计算机资源，为智能化制造开了先河。智能化、网络化、社会化制造将引领社会和全球资源的整合与优化运用，同时将有效地提高人类的生活质量，逐步地减少人类的体力劳动而扩大脑力劳动，进入知识社会、智能社会。智能制造具有高科技、高水平的先进制造系统，面临一些极具挑战性的问题，当然也需要人们投入大量的研究去攻克这些技术难题。例如产品和制造过程的数字建模理论及混合约束求解方法，几何表示与推理在运动规划、抓取、夹持、装配、NC 加工、计算机视觉、测量中的应用，制造技能和制造知识的表示、获取与推理，智能制造单元的 Agent 建模及智能制造系统的多 Agent 建模理论，多 Agent 系统学及重构理论，多Agent 系统动力学分析方法及性能评价标准，多 Agent 系统规划、调度、控制与协调等，制造资源的 Holon 模型 Holonic 系统组成及其分布式协调与控制等。由于人类智能问题本身的复杂性，智能制造理论与技术的研究任重而道远，对于上述问题的深入研究，将促进智能制造理论与技术的发展具有积极的推动作用。不仅要提高机器设备的智商，更要协调好人与机器的关系，建立一种新型的人机一体化关系，从而产生高效、高性能的生产系统。总之，随着智能制造技术的普及，其带来的优势愈发明显，可以预见在不远的将来，智能制造将成为重要的生产模式。

6.5　虚拟制造技术

虚拟制造技术（Virtual Manufacturing Technology，VMT）又称为拟实制造技术，是 20 世纪 80 年代后期美国首先提出来的一种新思想。它是利用信息技术、仿真技术、计算机技术等对现实制造活动中的人、物、信息及制造过程进行全面的仿真，以发现制造中可能出现的问题，在产品实际生产前就采取预防措施，使得产品一次性制造成功，以达到降低成本、缩短产品开发周期、增强企业竞争力的目的。在虚拟制造中，产品从初始外形设计、生产过程的建模、仿真加工、模型装配，到检验整个的生产周期都是在计算机上进行模拟和仿真的，不需要实际生产出产品来检验模具设计的合理性，因而可以减少前期设计给后期加工制造带来的麻烦，更可以避免模具报废的情况出现，从而达到提高产品开发的一次成品率，缩短产品开发周期，降低企业制造成本的目的。

　　虚拟制造自从产生以来，人们就力图给它一个统一的定义，但虚拟制造涉及的知识范围十分广泛，不同的研究人员，出发点和侧重点也不同，因而理解也大不相同，导致虚拟制造至今为止仍没有一个确切的定义。在不同的定义中，可以把虚拟制造理解为产品的虚拟设计技术、产品的虚拟制造技术和虚拟制造系统三方面关键技术的一个综合技术。

6.5.1　产品的虚拟设计技术

　　产品的虚拟设计技术（Virtual Design Technology，VDT）是面向数字化产品模型的原理、结构和性能在计算机上对产品进行设计、仿真多种制造方案，分析产品的结构性能和可装配性，以获得产品的设计评估和性能预测结果，从而优化产品设计和工艺设计，减少制造过程中可能出现的问题，以到达降低成本、缩短生产周期的目的，如图 6-17 所示。

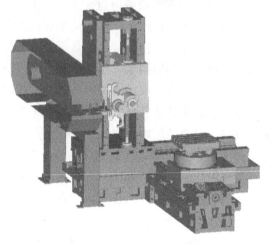

图 6-17　产品虚拟设计技术

6.5.2　产品的虚拟制造技术

　　产品的虚拟制造技术是利用计算机仿真技术，根据企业现有的资源、环境、生产能力等对零件的加工方法、工序顺序、工装及工艺参数进行选用，在计算机上建立虚拟模型，进行加工工艺性、装配工艺性、配合件之间的配合性、连接件之间的连接性、运动构件之间的运动性等的仿真分析。通过分析，可以提前发现加工中的缺陷及装配时出现的问题，从而对制造工艺过程进行相应修改，直到整个制造过程完全合理，来达到优化的目的。产品的虚拟制造技术主要包括材料热加工工艺模拟、装配工艺模拟、板材成形模拟、加工过程仿真、模具制造仿真、产品试模仿真等，例如加工过程仿真如图 6-18 所示。

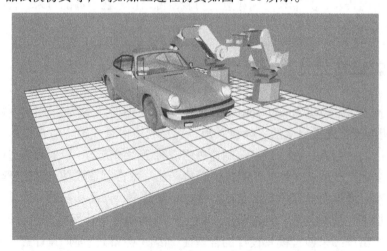

图 6-18　加工过程仿真

6.5.3 虚拟制造系统（VMS）

虚拟制造系统（Virtual Manufacturing System，VMS）是将仿真技术引入到数控模型中，提供模拟实际生产过程的虚拟环境，即将机器控制模型用于仿真，使企业在考虑车间控制行为的基础上对制造过程进行优化控制，其目标是实际生产中的过程优化，更优地配置制造系统。随着互联网+时代的到来，虚拟制造技术得到了快速的发展，研究的领域也越来越宽，除了虚拟制造领域本身包含的虚拟制造的理论体系、设计信息和生产过程的三维可视化、虚拟环境下系统全局最优决策理论和技术、虚拟制造系统的开放式体系结构、虚拟产品的装配仿真、虚拟环境中及虚拟制造过程中的人机协同作业等内容外，现阶段专家们正投入大量的时间精力研究虚拟制造技术集成系统和相关的软件开发。美国华盛顿州立大学在 PTC 的 Pro/ENGINEER 等 CAD/CAM 系统上开发了面向设计与制造的虚拟环境 VEDAM 系统，它包括加工设备建模环境、虚拟设计环境、虚拟制造环境和虚拟装配环境。新加坡国立大学 Lee 和 Noh 等人利用因特网、专家系统开发工具、HTML/VRML 和数据库系统开发了一个作为工程和生产活动实验台的虚拟制造原型系统。国外软件公司在巨大应用需求的推动下，也先后推出了 Deneb、Multigen、dVISE、World-ToolKit、EA1 等一批支持虚拟制造的软件。虚拟制造技术是一个多学科多技术的综合，它的相关技术支持包括仿真技术、建模技术、计算机图形学、可视化技术、多媒体技术、虚拟现实技术等，把这些技术很好地集成起来应用是目前研究的重点。

1. 虚拟制造系统的构成

虚拟制造系统是基于虚拟制造技术实现的制造系统。虚拟制造系统的建模分为目标系统层、虚拟制造模型层和模型构造层三个层次，其中模型构造层用于提供描述制造活动及其对象的基本模型结构，主要有两种模型：产品/过程模型和活动模型。活动模型描述人和系统的各种活动，如生产准备、生产管理、生产过程等。产品/过程模型则按自然规律描述可实现的每一物品（或过程）的特征、功能、属性和动作等。

从产品开发的角度讲，虚拟制造实际上就是在计算机上全面仿真产品从设计到制造、装配的全过程，贯穿着产品的整个生命周期。虚拟制造主要由以下五个阶段组成：

1）概念设计阶段：包括产品的运动学分析与运动学仿真。

2）详细设计阶段：指的是对产品整个加工过程的仿真模拟，包括对工件几何参数及干涉进行校验的几何仿真过程、对加工过程中各项物理参数进行预测与分析的物理仿真过程及产品的装配仿真过程。

3）加工制造阶段：包括工厂设计、制造车间设计、生产计划与作业计划调度及各级控制器的设计。

4）测试阶段：测试仿真器的真实程度。

5）培训与维护阶段：包括对操作员的培训过程及产品的二维维护。

虚拟制造可分为以下几个工作层次：工厂级、车间级、调度级、具体的加工过程及各制造单元等。因此虚拟制造技术可仿真现有企业的全部生产活动，并能够对未来企业的设备布置、物流系统进行仿真设计，从生产制造的各个层次进行工作，达到缩短产品生命周期与提高设计、制造效率的最佳目的。

2. 虚拟制造与虚拟现实

虚拟现实（Virtual Reality，VR）是采用计算机技术生成的一个逼真的，具有视、听、触、嗅、味等多种感知的虚拟环境，置身于该环境中的人可以通过各种传感交互设备与这一虚构的现实进行相互作用，达到彼此更替交迭、融为一体的程度，如图6-19所示。虚拟现实促进了仿真技术的发展。近年来信息技术的发展，特别是高性能海量并行处理技术、可视化技术、分布处理技术、多媒体技术和虚拟现实技术的发展，使得建立"人—机—环境"一体化的分布多维信息交互的仿真模型和仿真环境成为可

图6-19　虚拟环境与工具

能，仿真因此形成一些新的发展方向，如可视化仿真（Virtual Simulation，VS）、多媒体仿真（Multimedia Simulation，MS）和虚拟现实仿真（Virtual Reality Simulation，VRS）等。这三种仿真呈递进关系：可视化仿真强调可视的、灵活的仿真分析环境；多媒体仿真除可视化以外还强调多样化的多媒体集成，如音像的合成效果等；虚拟现实仿真则强调投入感、沉浸感和多维信息的人机交互性。在从产品设计到制造以至测试维护的整个生命周期中，计算机仿真技术贯穿始终。虚拟制造中仿真技术的应用可以分为两个层次，即一般仿真层和虚拟现实层。一般仿真层是指利用可视化仿真技术进行制造系统仿真，虚拟现实层是指利用虚拟现实仿真技术进行制造系统仿真。一般仿真层在制造系统中的应用如上所述五个阶段中传统意义的仿真技术应用；虚拟现实层在制造系统中的应用主要在以下几个方面：

1）产品开发阶段的虚拟原型设计数学原型是物理原型的一种替换技术。CAD模型也属于数学原型。在CAD模型的基础上可进行有限元、运动学和动力学等工程分析，以验证并改善设计结果。虚拟原型是在CAD模型的基础上，利用VR在可视化方面的优势，交互地探索虚拟物体的功能，对代表产品的虚拟原型进行几何、功能、制造等方面交互的建模与分析。

2）工程可视化利用VR的可视化特性，可以更直观地观察工程分析的复杂数据结果。尽管超级计算机能够以大量的数据显示各种形式的分析结果，但这些数据往往非常烦琐，难以理解。VR技术能使分析人员以新的方式体验分析结果。VR系统可以让用户进入数据本身所在的环境，通过实时交互修改参数来观测这些参数对结果的影响。用户还可以从不同的角度观察数据，改变自身与环境之间的大小比例，因而能获得更有价值的观察结果。这些技术为流体力学、空气动力学以及应力分析提供了直观的手段。

3）生产加工过程可视化及检测工艺设计人员的作用是确定加工产品的顺序以及所用的设备。使用VR技术作为工具，工艺设计人员可以获得非常直观的感觉，这种感觉是一般图样和三维图形所不能提供的。在虚拟的车间环境中，操作人员可以像操作实际机床那样与虚拟设备进行交互，从而评价刀具与参数的配置，预测功率与进给需求，并检查干涉情况。这样，工程师不必占用设备时间，也不用冒损坏刀具的风险就可测试不同的工艺过程。金属材料热加工工艺模拟和板材冲压成形的计算机仿真成为虚拟制造领域中迅速发展并发挥重大使用价值的技术。热加工工艺模拟就是在材料热加工理论指导下，在实验室里动态仿真热加工过程，预测实际工艺条件下材料的最后组织、性能和质量，进而实现热加工工艺的优化设计。

4）虚拟装配仿真指用计算机仿真产品的实际装配过程，确定装配的好坏。这要求首先进行装配建模、装配顺序与路径的规划、实况装配零部件及在装配路径各节点进行动态干涉检查，实现一定装配工具的可操作空间的动态检查和运动仿真，为装配过程提供正确、有效的装配顺序和初步装配路径描述。在装配计划中，工艺工程师确定装配方式和装配顺序。装配任务涉及零件操作（定向和传送）以及与其他装配件的配合。这些决策目前可由计算机辅助装配工艺设计系统完成。但这些系统往往只能定性地描述相关信息。VR 技术不仅能以可视化的形式提供信息，还可以提供力的反馈，这为评价装置或拆卸任务的困难度提供了可能。在一个特定的空间内，物体的物理位置的可视化描述可以让用户探索可用的空间，定义接近参数，并提出特别工具的需求。

5）工厂设计和规划除了传统仿真可以有效地帮助解决许多影响生产的关键问题，如生产能力、运行模式、换班方式、人力资源优化、预防性维修方案、物流管理等，VR 还可以提供现场的感受，这为工厂设计的人机工程提供了良好的工具。

6）在设备操作及维修中，VR 的交互性使其成为培训的良好工具。使用 VR 进行培训，减少了实地、实物培训的要求，用户可以围绕虚拟原型进行讨论，感受虚拟原型的特征如振动、发热等。在常规情况下，VR 可以降低培训所需的费用。另外，VR 作为一个强有力的仿真界面，还可以模拟特殊环境下的操作，从而为特殊环境下的培训提供重要的手段。

7）现代的设计越来越重视产品的人机工程性，对制造业来说，不仅产品要符合人机工程的原理，加工设备也要适合工人使用，虚拟现实为此提供了强有力的手段。利用虚拟现实技术，人们可以在设计出来的产品（包括设备）真正投产之前体验其人机工程性，更改不合适的设计。

3. 虚拟制造中仿真技术的选择

虽然希望虚拟环境应尽量忠实地再现现实世界，但并非是对现实世界的"复制"。这种复制不仅是不可能的，更重要的是没有必要。虚拟现实仿真的软硬件的价格是较高的。为此，根据不同的用途和需要，可配置不同的系统（三维仿真、多媒体仿真和虚拟现实仿真）。沉浸深度适当的虚拟环境才不会使系统过于复杂、成本和维护费用的负担过重。对于虚拟制造是否一定要采用虚拟现实仿真技术是一个争论的焦点，虚拟现实仿真是一种新兴的技术，在虚拟制造中使用的目的仍是模仿制造过程，而这种模仿是以人为中心，具有沉浸感。虚拟制造中应根据实际需要和付出的代价决定仿真的层次，在某些方面可能需要沉浸于其中进行体验，应采用虚拟现实仿真技术。例如在汽车、飞机等训练系统中，要求有宽阔的视野、实时的操作系统、逼真的声响效果，不仅要快速响应人们的操纵信号，还要实现对力、位移等触觉反馈的仿真；用于汽车外形造型设计的系统，重点在显示高质量立体图像，而听觉和触觉的要求很低，可用普通的鼠标进行操作，实时性要求也不高，此时采用一般仿真技术即可。

目前主要的制造系统仿真软件可以分为两大类：

1）仿真语言指一种自然语言软件包，通过编程开发模型。传统的编程意味着通过写代码建立模型，但近几年的仿真语言向图形建模的方向发展，比较著名的有 Arena、Awesim、Extend、GPSS/H、Micro Saint、SIMPIJE Ⅳ、SIM-SCRIPT 等。这类仿真语言的主要优点在于建模的柔性，缺点在于使用者需要专门的编程技术。

2）面向制造的仿真语言模型构造是面向制造或物流传送的，在其强大的对象库中已经建立了强有力的机床、装卸站、缓冲区、传送带和自动导向车等的三维参数化模型，添入相关参数，建立逻辑关系就可以运行仿真。典型软件有 Auto-Mod 和 QUEST 。这类软件的优点在于编程时间相对减少，但是建模的柔性相对来说要差一些。值得一提的是，这类软件正在或已经具备了三维动画仿真的特点，有些还提供了与虚拟现实设备的接口，可以实现虚拟现实仿真。

6.6　未来工厂

6.6.1　未来工厂概述

机器轰鸣、工人流水线作业的景象，正在逐渐成为过去，智慧工厂正逐渐地出现在人们身旁，比如宝钢、格力、海尔等公司的"黑灯工厂"，没有工人，也无需开灯，穿梭的机器人自动取货、搬运、装配，自动运行，完成生产操作和物流运输。新一代信息技术（例如5G）让智能制造成为更多可能，如图6-20所示。有专家认为，当前以互联网、大数据、云计算、人工智能为代表的新一代信息技术已完成对消费环节的布局，正在加速向制造环节扩散，帮助企业实现智能化生产、网络化协同、个性化定制与服务化转型，生产过程将由新型传感器（如图6-21、图6-22、图6-23所示）、智能控制系统、机器人、自动化成套生产线组成，无人工厂的数量将不断增加。

图 6-20　未来工厂

图 6-21　光纤传感器

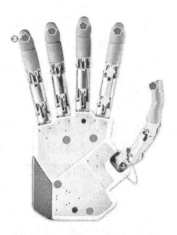

图 6-22　机械手触觉传感器

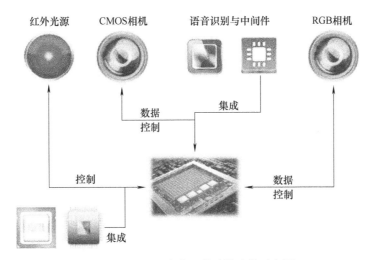

图 6-23 机器人多类型传感器连接示意图

自动化制造是智慧工厂的基础。而智慧工厂却不仅仅局限于自动化。通过网络化协同，在全球范围内调用资源，以及个性化定制与服务化转型，也是智慧工厂的重要特点。例如，在海尔，已经搭建起"先订单，后制造"的产品定制平台，用户根据个人喜好，自由选择产品的机身材质、用料、喷涂颜色、图案等，有定制需求的部件可以按照个人需求进行选择。然后，这些外观全个性化、部件部分可定制的个人订单，通过工业 4.0 的智能智造实现柔性量产。

6.6.2 产品研发

准备阶段对大批量生产是至关重要的，设计师、化学家和工程师们需要不断地进行假设验证试验。比如这个设计方案是否正确？这个配方是否符合需求？大批量生产之前的测试和重复迭代过程在产品研发阶段十分常见。大型的制药、科技、航空航天公司每年要在研发方面投入巨大的资金。

在研发阶段需要高标准的人才，这些人才散落在世界各地，现在一些软件可以帮助公司发掘到这些人才：Kaggle、Quantopian 和 Numerai 使数据计算类的工作得到解决；Science Exchange 这类平台帮助纵向科研的进行，同时可以帮助公司解决在库人才的短缺，实现人才外包。

一些公司在机器人、3D 打印和人工智能方面开展尝试探索，以减小大批量生产时的不确定性，加速生产过程。3D 打印技术在加速生产过程中的帮助显著，据调查：57% 的 3D 打印工作用于概念和原型机的验证阶段。3D 打印已是设计公司的标配产品，在大批量定制生产实体之前，设计师们应用 3D 打印来验证未来产品是否符合要求。

在许多领域中，机器人学被用于自动化生产的迭代试错过程中。在合成生物的研发过程中，机器人在诸如 Zymergen 或者 Ginkgo Bioworks 这样的公司中受益颇多，研发从酵母菌中提取自制化合物的过程，需要同时测试多达 4000 种不同的配料，该过程耗费的实验室工作量极大。通过使用机器人系统，可以更快更多地收获化合物配方，减少人为错误。

材料工程需要探求极小尺寸的颗粒：在 300mm 的硅盘上找寻 19nm 的颗粒，相当于在西雅图的整个城市里找寻一只蚂蚁。材料科学在计算和电子领域扮演重要的角色。像三星和英特尔这样的芯片制造商是世界上在研发方面投入的巨头。随着半导体越变越小，在纳米尺度内工作需要的准确性和可控性已超出了人类的能力，机器人在此过程中变成了优先选择。未来在把控精密尺度制造方面的科学工具，其自动化程度和精密程度都更高。

6.6.3 资源计划与来源

一旦产品被设计出来，下一步便是计划如何使其进行批量生产。通常需要收集零件供应商、材料制作商、满足大规模生产零件的制造商的信息。但是寻找可靠的供应商的过程费时费力，科技如何帮助解决这个困境呢？

1. 去中心化制造

分散制造也许是趋势之一，通过与 IT 技术合作，可以利用物理上分散的制造商们来制造中小批量的零件。当需要大规模加工时，也可以依赖此种分散制造网络来制造零件。

2. 资源跟踪区块链技术

公司资源分配软件（ERP）追踪从原材料到客户关系管理的全过程。但是讽刺的是，ERP 有时候本身也会变成一个庞大繁杂的系统。最近的 PWC 报告中指出，许多大规模工业制造商拥有超过 100 个不同种类 ERP 系统。利用区块链技术可以减少数据库的分散性和复杂度。

在未来的工业发展过程中，在工业 4.0 和中国制作 2025 的推动下，要求企业的数据离散化、数字化。作为车间底层的数据采集系统，在企业实际生产过程中却存在着许多困难，尤其是在离散企业中由于自动化程度较低，往往存在以下特点：

生产过程不可视：主要体现在不能实时了解生产现场中在制品、人员、设备、物料等制造资源和加工任务状态的动态变化。

生产过程复杂：由于产品结构和加工工艺的复杂性，造成生产过程中各制造过程的关联性强，生产环境复杂多变（临时插单、材料短缺等）。

制造过程信息集成度低：制造过程中的各种信息不能有效进行集成，导致产能不能得到充分利用。这种隔断造成生产过程不透明，生产进度、在制品状况、设备利用状况等关键数据不能到达管理层，增加了过程管理和生产决策的复杂性。

制造过程信息的真实性差：现场数据信息过多依赖人机交互界面通过人工录入，增加了出错的概率。

制造过程信息的实时性低：作业任务随市场需求的频繁调整变化，不利于制造过程信息的实时采集，再加上制造过程信息交互的速度和效率低下，造成企业对市场变化的响应速度慢。

企业设计层和管理层到车间层，特别是车间设备层的信息采集困难：一方面车间设备层的重要信息难以采集和上传，无法达到对生产过程的监控；另一方面上层系统难以深入到车间和设备层，从而影响管理信息系统的准确运行，使动态信息成为脱离实际的无源之水，难以及时下达，从而使整个企业信息化难以产生更大的效益。

上述特点反映了制造车间迫切需要对制造过程进行信息化的数据采集管理，从而建立一个完整高效的离散制造车间数据采集及其分析处理系统。该系统是实现离散车间信息化的基础，其主要功能就是将车间的各种离散数据完整实时地采集到车间数据库中，并进行初步的分析处理，将车间生产的信息实时准确地反馈到车间的管理层，加强管理人员对车间生产现场的监控和管理，并为企业管理人员制定生产计划提供依据。

6.6.4 制造、生产和装配

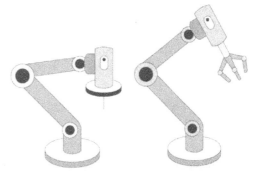

图 6-24 工业机器人

自动化首先出现在那些又脏又累的领域，但如今很多在大生产中的人工过程已经被自动化取代，工业机器人和 3D 打印已经在工厂中越来越普遍。随着机器人越来越便宜、精度越来越高，它也更加普遍地与人在生产线上协作，如图 6-24 所示机器人。随着消费者的个性化需求越来越多，制造业需要满足日益增长的用户需求。工业 4.0 将实现机器的连接，并通过物联网（IOT）技术与万物互联。未来的工厂不仅可以制造原型和特殊系列的产品，同时还可以灵活地根据用户反馈及时满足各种各样的定制化需求。未来的新生产将主要表现在模块制造和机器人自动化，以及更加广泛的 3D 打印技术。

将传统的产品分解为更小的模块化生产，不仅可以使得工厂更加灵活地面对用户的定制化需求，同时可以以流水线的效率来实现高效的定制化生产。通过不同模块的组合、变化得到丰富的产品形态。另一方面，模块化还因为这一系列灵活的末端执行器，通过更换机器不同的执行器使得更多的制造成为可能。

过去的几十年来，工业机器人不断冲击着制造业的工作岗位，但最近一波机器人浪潮却带来了人机协作的新形态。这意味着人和机器一起能获得更高的工作效率。通过人的手工操作，协作机器人可以学会人的技能，同时更先进的传感器可以帮助机器和人更加和谐安全的并肩工作。

6.6.5 质检和品控

随着工厂逐步实现数字化，质检和品控流程将会越来越多地嵌入到生产的数字化流程中去。机器学习驱动的平台将会助力工厂优化、提高产品线质量。目前主要有两个方面的技术值得关注，分别是负责检测的计算机视觉技术和负责溯源的区块链技术。

与目前大规模使用人工进行产品检测不同的是，未来工厂将使用机器视觉来代替并补充现有的人类检测，如图 6-25 所示，例如吴恩达的 landing.ai 就是将人工智能赋能制造业的典型。无论是在集成电路行业的焊点检测，还是在手机、平板显示器行业的表面缺陷检测，计算机视觉都将会代替人类完成复杂的工作，并毫不松懈地监视着每一个可能出现的纰漏。

另一方面，由于区块链的不可更改性，很多公司将其视为一种十分优秀的溯源工具。包括沃尔玛、雀巢等一系列公司都开始利用它来进行原料供应溯源，从源头提高产品的质量。

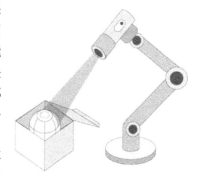

图 6-25 机器视觉检测

如今和未来的制造业正在变得更加富有效率，更加定制化、模块化和自动化。但制造业对于技术吸收和应用的缓慢是否能够使得工厂保持足够的竞争力呢？相信竞争的压力会促使工厂不断自我改进和变革。

对于制造业来说，最大的提升来自于机器人、AI 和基础 IOT 的数字化。更多的数据会带来更聪明的系统，最大化工厂的效益并最小化支出与损耗。同时诸如区块链和 AR 等新兴技术将会帮助工业提升，并增强工人的能力。

 思考题与习题

6-1 工业机器人按臂部的运动形式分为 ____ 种。直角坐标型的臂部可沿 ____ 个直角坐标移动。

6-2 工业机器人按执行机构运动的控制机能，又可分 _____ 和 _____，按程序输入方式分为 _____ 和 _____ 两类。

6-3 机器人本体由 ____、____、_____、____、____、_____ 和 _____ 组成。共有六个自由度，依次为 _____、_____、_____、_____、_____。

6-4 制造自动划分系统是制造系统中的硬件主体。主要包括：_____，_____，柔性制造单元（FMC），_____ 等，它主要由以下几部分组成：_____，_____，机械本体部分，_____。

6-5 举例说明虚拟现实层在制造系统中的应用。

参 考 文 献

[1] 谭雪松，漆向军. 机械制造基础 [M]. 北京：机械工业出版社，2011.

[2] 徐宁. 机械制造基础 [M]. 北京：机械工业出版社，2020.

[3] 王凤平，许毅，房玉胜，等. 金属切削机床与数控机床 [M]. 北京：清华大学出版社，2016.

[4] 刘坚. 金属切削与机床 [M]. 北京：清华大学出版社，2017.

[5] 中国电子技术标准化研究院. 智能制造标准化 [M]. 北京：清华大学出版社，2019.

[6] 王芳，赵中宁. 智能制造基础与应用 [M]. 北京：机械工业出版社，2020.

[7] 禹鑫燚，王振华，欧林林. 工业机器人虚拟仿真技术 [M]. 北京：机械工业出版社，2020.

[8] 王芳，赵中宁. 智能制造基础与应用 [M]. 北京：机械工业出版社，2020.

[9] 刘敏，严隽薇. 智能制造：理念、系统与建模方法 [M]. 北京：清华大学出版社，2019.

[10] 豆大帷. 新制造："智能+"赋能制造业转型升级 [M]. 北京：中国经济出版社，2019.

[11] 刘东明. 智能+：AI 赋能传统产业数字化转型 [M]. 北京：中国经济出版社，2019.

[12] 罗丽. 打造宁波智能制造升级版 [N]. 宁波日报，2020-02-27（A3）.

[13] VLADIMIR S, KATHERINE N. The smart technologies application for the product life-cycle management in modern manufacturing systems [J]. MATEC Web of Conferences, 2020, 311（6）：1-7.

[14] CHEN W. Intelligent manufacturing production line data monitoring system for industrial internet of things [J]. Computer Communications, 2019, 12（35）：31-41.

[15] 周济. 智能制造："中国制造 2025"的主攻方向 [J]. 中国机械工程，2019，26（17）：2273-2284.

[16] 邓力凡. 智能加工技术 [M]. 北京：北京理工大学出版社，2015.

[17] 眭碧霞，张静. 信息技术基础 [M]. 北京：高等教育出版社，2019.

[18] 何贵显. FANUC 0i 数控铣床加工中心编程技巧与实例 [M]. 北京：机械工业出版社，2017.

[19] CAD/CAM/CAE 技术联盟. UG NX 10.0 中文版从入门到精通 [M]. 北京：清华大学大学出版社，2016.

[20] 吕斌杰. 数控加工中心：编程实例精萃（FANUC、SIEMENS 系统）[M]. 北京：化学工业出版社，2009.

[21] MICHAEL G. 智能制造之虚拟完美模型：驱动创新与精益产品 [M]. 方志刚，张振宇，译. 北京：机械工业出版社，2017.

[22] 许玲萍，李占锋，王萍. 模块化柔性加工系统及应用 [M]. 北京：清华大学出版社，2010.

[23] 阿尔冯斯·波特霍夫，恩斯特·安德雷亚斯·哈特曼. 工业 4.0（实践版）：开启未来工业的新模式、新策略和新思维 [M]. 刘欣，译. 北京：机械工业出版社，2015.